新装版

百姓入門

奪ワズ
汚サズ
争ワズ

筧　次郎
白土陽子

新泉社

百姓入門

百姓入門●もくじ

はじめに　7

第一部●百姓暮らしの意味　11

第一章・自給自足の暮らし　12

(1)農業近代化の意味　12

(2)昭和三〇年代の農業　19

(3)私たちの百姓暮らし　26

第二章・他人を泣かせない暮らし　35

(1)進歩の思想について　35

(2)機械とは何か　52

第三章・親から子へ伝えていく暮らし　68

(1)文化とは何か——工業社会の文化程度　68

(2)資源の枯渇について　84

(3)環境破壊について　90

第四章・本当の豊かな暮らし　102

(1)自然のリズムに合った健康な暮らし　106
(2)本物でする暮らし　118
(3)労働が楽しい暮らし　126
(4)昔の百姓はなぜ惨めだったか　137

第二部●百姓暮らしの実際　143

第五章・百姓暮らしを始める前に　145
(1)規模について　145
(2)最初は辛いけれど　151
(3)老農に学べ　154
第六章・春の暮らし　159
第七章・夏の暮らし　175
第八章・秋の暮らし　202
第九章・冬の暮らし　222
あとがきにかえて――スワラジ学園構想　243
復刊に寄せて――スワラジ学園の試みと挫折　252

装幀　勝木雄二
カット　水島一生

はじめに

百姓暮らしを始めてまもなく、私は『反科学宣言――私はなぜ百姓になったか』という本を上梓した。この小著で私は「工業社会がいかに邪悪な社会であるか」を論じた。

複雑な国際経済の構造のなかに隠されているが、工業社会の豊かさは、本質的には帝国主義の時代と同じく、「収奪」よって得られているもので、これを「文明の進歩」などと言ってうぬぼれているのは、無知で恥ずべきことである。この豊かさは世界のすみずみにまで行きわたることができないばかりか、末長く子孫に伝えていくこともできない。子孫たちがわれわれの狂乱のツケを回されて悲惨な生活をしなければならないことも、ほとんど確実である。われわれは欲望を自制して農業中心の昔の社会へ立ち戻るべきである。

『反科学宣言』で私はそう論じた。そして、私たちが脱工業化するには何より「科学的な認識こそが真理である」という誤った常識を打破し、自然科学にそれにふさわしい控え目な場所を与えることが、重要かつ緊急であると考えて、そのために多くの紙数をさいた。

工業社会は邪悪な社会だと今でも思う。工業文明は、譬えて言えば麻薬のようなものである。――はじめは、それが無くても何ひとつ不自由せず、健康に生きている。しかし誘惑に負けてひとたび体験すると、いっときは気分がよいので、どんどん深みに入っていく。それはわれわれの肉体だけでなく、精神をも蝕《むしば》む。われわれをエゴイスティクな欲望の虜にし、心の奥深くで「これは誤っている！」という声を聞いても、もはや止めることができない。そうして一歩一歩破滅に導かれるのだ。

われわれは脱工業化して、生活に自立性と永続性を回復しなければならない。百姓暮らしをはじめてから、私は折りにふれてそう訴えてきた。しかし、私の主張に耳を傾けてくれる人は多かったが、生活を変えるまでに共鳴してくれる人はほとんどいなかった。

最近になって私は自分の誤ちに気づいた。『反科学宣言』は、百姓暮らしをほとんど体験していない、あるいは未熟なためにその辛さだけを強く感じているときに書いたので、知らず知らずのうちに私は、「たとえ辛くとも、立ち戻るべき」と主張していた。これでは説得力がないのは当然だった。

豊かで安定した生活をしたいと思うのは、人間の基本的な願望である。楽をしたい、できれば遊んで暮らしたいと思うのも、次に起こる一般的な欲望である。だからこそ、人間の歴史が始まってから今日まで、人が人を支配する差別の歴史があるのだし、社会主義の壮大な実験も失敗に終わったのだろう。だからこそ工業文明のかくも急速な展開があるのだろう、と思う。是非はともかく、この欲を否定して社会のあり方を言っても空論であろう。私の主張は、いわば麻薬中毒で苦しむ人に、麻薬のない健康を説くようなもので、彼の苦しみへの同情も具体的な処方もなかった。

さらに、言うまでもなく、さまざまな人間関係のしがらみのなかに生きているわれわれには、正しいと解っていてもできないことがたくさんある。家族の幸せを願う父や母が「辛いけれどもするべき百姓暮らし」にどうして飛びこんでいくことができるだろう。観念的だった私は、自分の心の苦しさから、巨大な敵に向かってドン・キホーテのように突撃したが、まわりの人々がバランス感覚を失わないのは、むしろ健全なことだったと思う。

しかしながら……あらかじめ予想されていたのではないが、私が飛びこんだ百姓暮らしは、すばらしいものだった。「辛いけれども」というのは誤りで、豊かで、健康で、楽しいものだつた。

本書で私と妻はそれを語りたいと思う。工業社会を推進するためになされてきた歪んだ教育や、工業界の御用ジャーナリズムが流布している誤った情報のおかげで、昔の百姓暮らしには暗いイメージがつきまとっている。貧しさと労働の辛さのイメージのために、心引かれながらも百姓暮らしに入っていけない人が多いのではないだろうか。

今の私は、そのイメージを打破して百姓暮らしのすばらしさを実感するには、二つのことが必要だと考えている。

一つは、教育や情報産業によって植えつけられた「工業社会の価値観」を払拭し、他者との比較でなく自分の幸せを考えていく心を持つことである。二つ目は、百姓暮らしの技術を身につけ、人が自立して生きてゆくために当然引き受けなければならない肉体労働を苦痛と感じない体をつくることである。

この二つとも実践によってはじめて得られるもので、本をよんだだけでは得られないであろう。が、言うまでもなく実践には類例がある方が便利である。そのような意味で、私たち夫婦の未熟な思考と実践が、邪悪な工業社会を改めようとする人たちにとって参考になるかもしれない、と考えて筆をとったしだいである。

第一部●百姓暮らしの意味

第一章●自給自足の暮らし

私たちは自分たちの営みを「農業」と言わずに、「百姓暮らし」と言っている。それは農業が工業や商業と対比される語で、単に一つの生計の手段、金儲けの手段であるのに対して、昔の百姓の営みは、自然のなかで太陽の恵みをいただいて生きる生活の全体であったという意味で、近代農業と区別したいからである。

(1)農業近代化の意味

高度成長期(一九六〇年代)を境にして、日本の農業は大きく変わった。

人力や畜力に頼っていた耕耘は機械化され、今ではたいていの農家がトラクターを使っている。江戸時代の熟練した農夫は、鍬一本で一日一反歩もの田を起こしたらしいが、トラクターなら一時間もかからない。

堆肥や糞尿の肥料は化学肥料にとってかわられた。昔、糞尿は肥桶に入れて天秤棒《てんびん》で担いで運んだので、桶二杯分を一荷というが、そのなかに約三〇〇グラムのチッソ分があるという。もちろん糞尿のなかには他の肥料分もいろいろ入っているので、チッソ分だけを比較するわけにはいかないが、その量のチッソを硫安で施すなら約三キログラムですむ。逆に言えば、一袋二〇キロの硫安（六二〇円である）と同じだけのチッソを供給するのに、昔の農夫は十三、四杯の肥桶を担いで、畑に撒かなければなかったのである。

水田の四つんばい除草は、除草剤の普及で見られなくなった。畑でも、作物をつくる前にはトラクターで雑草を鋤きこんでしまうし、畝間の中耕除草は管理機がしてくれるので、鍬や鎌を使う作業はほとんどない。

このように、高度成長期以降の農家の労働は、同じ面積で比べたら驚くほど軽減されたと言ってよいだろう。

化学肥料や農薬が増収をもたらし、かつ収穫を安定させたのも確かである。昔の農家は肥料の調達に苦労し、そのためにたいへんな労働と金を費した。早朝から競って畦草や下草を刈り、灰を集め、町の人の糞尿を汲みとって肥料としたが、田畑は慢性的な肥料不足だった。化学肥料などは貧農には買えない貴重品である。それで、収量はおおよそ今の三分の二ほどで、水田の米なら反収四俵から六俵であった。

また旱害や病虫害が発生したらほとんど手の打ちようがなく、まさに「オロオロ歩く」ばかりで、しばしば飢饉が起きた。今日では旱りのときには給水ポンプやスプリンクラーが活躍し、多少の病虫害なら農薬で完全に抑えられるので、ずっと安定した収穫が得られるようになっている。

さらに、ビニールハウスや温室を利用して、あらゆる作物の周年栽培が可能になった。消費者はトマトやキューリを冬でも食べられるようになったし、農家は冬の失業状態から解放された。

このように言えば良いことずくめだが、この変化のデメリットを指摘する声もある。機械は農夫の労働を危険で味気のないものにしてしまった。農薬や化学肥料は作物の安全性を損い、地力を衰えさせた。施設園芸は食卓の季節感を失わせたばかりでなく、昔の野菜の美味しさを失う結果になった、など。

この変化で儲かったのは、機械や肥料や農薬を造る企業と、それらを農家に売りつける農協だけで、経済の面でも農家にとって良いことではなかったと言う人もいる。しかしその意見は全体としては事実に反している。農家の利益が企業や農協に吸いあげられたことは確かだが、かりに豊かさイコール消費財の増加とするならば、農家の生活も目ざましく豊かになったと言わなければなるまい。農業のこの変化は、工業の発展のために権力によって強いられた側面が強かった（第三章(1)を参照）とはいえ、農家の側からのさしたる抵抗もなく進行した。農家の票が自民党の戦後政治を支えてきた事実を見れば、むしろ農家自身も望んできた変化だったと言わざるをえない。それは、いろいろ不満はあっても、所得と消費財だけは着実に増えていったからである。

農業の近代化が農家にとってよかったかどうかは、価値観次第というところだ。しかしながら、「農家にとって」を「農業にとって」と置き換えるならば、この変化は単に形態の変化ではなく、「農業が滅んでしまった」と言ってもよいほどの、根本的で悲劇的なものだった。

この地上のあらゆる生きものは、太陽の恵みによって生かされている。農業はその恵みを意識的にわがものとする、人間に固有の仕方であった。もう少し科学的な言いまわしをするなら、絶え間なく届いている太陽エネルギーの幾分かを、われわれが生命を維持しさまざまな活動をするために必要な化学エネルギーに、意図的に変換する方法であった。

農業によって化学エネルギーに変換できるのは、耕地に降りそそぐ太陽エネルギーの一パーセント以下であるという。しかも農夫は肥料・畜力・労働などの形で田畑に補助エネルギーを投入しなければならないのであるが、作物としてそれよりも大きな化学エネルギーを収穫する。その差つまりエネルギー収支のプラス分は、長い目で見れば太陽の恵みそのものであって、このプラス分で人間社会の生が営まれるならば、原理的に人間も太陽が存在するかぎり永続的に生きられることになる。これが、農業が第一次産業と言われるゆえんであろう。

近代農業に比べて収量が少ないとはいえ、石油などの地下資源に頼らない昔の農業は、エネルギー収支がプラスの、つまり本来の意味での生産行為であった。ところが近代農業では、機械・化学肥料・農薬・資材など田畑に投入される補助エネルギーは何倍にも増え、その割には収量は少ししか増えないので、エネルギー収支は悪くなる一方だった。

宇田川武俊氏によれば、昭和三〇年頃の水田農業で、かろうじてエネルギー収支一・一倍であり、四〇年代にはマイナスに転落して、昭和四九年には〇・三八倍になってしまう。昭和三〇年と言えば、小型の耕耘機が使われだした頃だが、まだ牛馬の畜力で耕す農家の方が多かった。また硫安などの化学肥料も使われているが、肥料も基本的には堆廐肥であった。一方昭和三九年には、耕耘機は歩行型と乗用トラクターを合わせて、全農家の七四パーセントに普及し、二九パーセントがバインダー（稲の刈取機）を持ち、三九パーセントが乾燥機を持っている。また肥料も化学肥料に依存するようになり、堆厩肥の施用量は半分以下（四一パーセント）に減っている（数値は農文協編集部『戦後日本農業の変貌』による）。言うまでもなくこの傾向はその後もどんどん進み、今日では機械も大型化して、歩行型耕耘機やバインダーを使う人はほとんどいない。堆肥を用いる人も少ない。

このように、高度成長期を境にして地下資源とくに石油に依存するようになって、農業は本来の意味での生産とは言えない、エネルギーの無駄使い産業になってしまった。

ところが、ふつうは近代農業では労働や土地の生産性は飛躍的によくなったと言われている。誰しも矛盾しているとの印象を持つだろうが、これは実は「生産性」という語の使い方にまやかしがあるのだ。

本来の農業での生産性は、右に述べたエネルギー収支を指すべきであって、これは自然環境とくに気象条件が大半を規定している。たとえば中世ヨーロッパの小麦作では、蒔いた種の量の約三倍しか収穫できなかったが、同じ頃の日本の稲作では、約百倍の収穫があったという。この生産性の違いの最も大きな理由は、緯度の違いによって生じる「太陽の恵みの多少」であろう。言うまでもなく暑い地方は生産性が高く、寒い地方は低い。日本よりもかなり高緯度のヨーロッパは、草しか生えない土地が多いために、畜産と肉食が発

達したのだった。（草の生える量も日本の十分の一程である）

この本来の意味での生産性も、もちろん自然条件だけに規定されるのではなく、人為的な工夫によって高めることができる。われわれの祖先はそのために努力を重ねてきた。自給自足を目的とした農業では、生産性の向上（多収穫）よりも生産性の維持（安定した収穫）の方が重要だったが、品種の改良・肥料の工夫・道具の発明などによって、少しずつ生産性も高めてきた。

ところが、今日言われる生産性は、「農民の一定時間の労働で、いくらの利益が得られるか」また「一定面積の農地を利用して、いくらの利益が得られるか」という意味である。この意味なら、大型機械や農薬を使う大規模農業の労働生産性は高くなるし、また冬も農地を休ませずに農薬づけで作り続ける施設園芸や、狭い小屋のなかに多頭数を押しこめて飼育する畜産の土地生産性も高くなる。

この意味での生産性という言葉は、もともと工業で用いられてきたのである。というのは、工業は原料として投入されたエネルギーを製品のエネルギーに変えるだけなので、農業が持つ本来の意味での生産性はゼロである。加工に費やすエネルギーや工場から出る廃棄物中のエネルギーを考えれば、エネルギー収支は必ずマイナスである。それで工業界では、製品を売って得られる金額と投入された資本との差を生産性とよんできたのだ。（農業の生産性は自然科学の概念であるが、工業のそれは社会科学の概念である。たとえば工業国の優位が武力で守られていなければ、工業の生産性は著しく低下することになろう）

高度成長期以降、農業も工業化してしまって、いくらの利益を産むかという「見かけの生産性」だけが問題になった。農地は工場のように見なされ、いかに多くの資本を投入しても、それよりも多い売り上げがあって、利潤があがればよしとされた。そして、工業の生産性に対抗できるだけ、農家一戸の収入をあげようとして、経営の大規模化と周年栽培化が補助金付きで押し進められた。また利潤をあげるにはコストを下げる工夫が大切とされるが、農業の場合はコストを下げる行為が地力を劣化させる略奪農業になったり、家畜を死なない程度に劣悪な環境で育てる非情畜産になったりした。生産性向上の競争で、遠い将来のことなどかまっていられないし、動物に情をかける余裕などなくなったのである。

⑵昭和三〇年代の農業

野菜の大規模農業で日本農業賞を受賞したN氏は、三五ヘクタールの大農場を経営し、約六七〇〇万円の売り上げがある。しかし、肥料・機械・雇用その他の経費が五九〇〇万円もかかるので、純収入は約八〇〇万円であるという（この収入は一般の農家に比べて多いと思うが、非農家ならとくに高収入ではない。農業だと日本農業賞を受けるような経営上手な農家でも、この程度だということである）。

N氏の農業はまさに工業化した農業の典型である。N氏は著書のなかでコスト削減が増収の方法であると説き、

「私は土つくりに金をかけないことを、大事にしてきた。土つくりというとふつうは堆肥を入れることということになるが、金がかかりすぎる。材料の確保、堆肥舎の建設、切返しのための機械など、ヘタすると一千万円近い投資になる。反当で三万、これだけの投資をしてなお利益が上がるとは考えられない。少なくともハクサイやキャベツでは赤字、土つくり倒産になってしまう」

と言っている。

伝統的な農業、私たちが「百姓暮らし」とよぶものは、これとは本質的に違ったものだった。地元の古老の話や書物をたよりに、昭和三〇年頃の「百姓暮らし」をスケッチしてみよう。自給自足の暮らしという意味では、江戸時代あるいは少なくとも戦前の暮らしをスケッチする方がよいが、それではわが国の現在の暮らしからあまりにもかけ離れてしま

うし、私たち夫婦の暮らしとも違ってしまう。それで、高度成長期の直前でエネルギー収支がプラスであった「最後の時期」を選ぶことにする。

昭和三〇年頃にはまだ村に日雇いの賃労働はないが、農家の暮らしにもかなりのお金が要るようになっている。硫安や過リン酸石灰などの化学肥料も使うようになっているし、油カス、魚粉（シメカス）など戦前から使われている金肥も購入する。税金もお金で納める。食料としては海産物や塩、砂糖などの調味料を買うくらいで、ほとんど自給自足であるが、衣類はもう自給されていない。ほかに電気代が要り、家によっては子弟を高校まで入れたので教育費もかかった。したがってどの農家も意識としては換金作物中心の農業をやっていたのであるが、伝統的な自給体制を崩すことはなかった。

日本の平均的な農家の耕地面積は約一町歩だが、田と畑の割合は同じ村内でも家によってさまざまで、したがって換金作物の種類もさまざまであった。私の住む茨城県の八郷町でも、ある家は養蚕、ある家はタバコ、別の家は栗が中心だったという。

八郷町のH氏のお宅では、田が七反畑が七反、計一町四反の農業で（村の平均は一町歩にみたないので、かなり大きい方である）、換金作物の中心は養蚕であった。

田にはもちろん水稲をつくり、裏作としてナタネをつくったときもある。米の収量は反当六俵程度で、計四二俵の収穫のうち、約二〇俵は自家消費され、残りは換金した。

畑の大部分は養蚕のための桑畑であるが、約二反歩は自給作物をつくる。一反はサツマイモで、その畑の冬作は大麦と小麦である。残りの一反には大豆がつくられ、これは主に味噌、醤油、納豆などに加工して使われる。

また屋敷のそばに菜園があって、自給用のダイコン・ハクサイ・ホーレンソウ・アブラナ・ナス・キューリなどがつくられていた。野菜の種類は今と比べるとかなり少ない。当時は行商の種売りが来て、春先に各種の種を掛売りで置いていき、出来秋になると代金を払ったという。

家畜としては馬を一頭、ニワトリを約一〇羽飼っていた。馬は田畑の耕耘や運搬に使うが、利用日数は二、三〇日で、その主な目的はむしろ堆厩肥の獲得であった。水田からとれる稲藁と冬のあいだに山で集めた落葉を合わせて厩舎に敷く。それは馬の糞尿と混ざっていわゆるウマヤゴエ（厩肥え。この辺りでは訛って「マエゴエ」という）になる。これを月に二回ほど取り換えて堆肥小屋に積んでおき、耕す前に田畑に入れたのである。

ニワトリ一〇羽の飼育も自給肥料では負担になる。当時は業者がヒナと飼料を掛売りで持ってきて、その代金は卵で払ったという。卵はほとんどが売り物だった。またいわゆるハレの日はニワトリをつぶして食べることもあった。

高価な機械や道具類はない。米八俵ぐらいの価格に相当した馬が一番高価で「農家の財産の半分は馬」と言われていたという。足踏脱穀機、唐箕《み》・土ずるす（籾摺り）・万石通し（玄米の選別）など、米の収穫に用いる道具が多い。そのほか運搬用のリヤカーか四輪馬車、出荷に必要だった俵編み機、数種類の鍬と鎌、しっぺ引き（間作するために便利な中耕の道具）などが購入した道具で、また背負籠・筵《むしろ》・くるり棒（豆などの脱粒）・ぼうじ杵《きね》など自家製の道具が用いられていた。

こうして見てくると、昭和三〇年頃の農家の暮らしは、まだ自給生活の基本を崩していなかったことが分かる。換金作物が重点的に作られていたとはいえ、そのお金は農家の生活にとって必要不可欠なものではない。

村の古老H氏の話では、支出としては化学肥料代と税金が主なものだったという。化学肥料はたしかに収量を増やしたが、化学肥料を買うための労働を考えたら、農家にとっては、その増収が良かったかどうか疑問である。むしろ他家より多く穫れるのが自慢で、無理をして化学肥料を買って入れたようなところがある。また税の金納は社会体制の変化から強制されたもので、自給自足の農家の暮らしから見れば、そもそも税は「搾取される富」

という性格が強い。残りの若干の支出、つまり海産物や衣類や電力などが、農家が自ら求めた「お金の要る豊かさ」であり、これはいつの時代にも求められる「分業の豊かさ」として肯うことができるものだろう。

要するに昭和三〇年頃までの農家は、半分は強いられて半分は暮らしをより豊かにするためにお金を求めたが、お金がなくても生きていけるだけの食糧を自給しており、またそのような自給生活を行なうための生産手段も自給することができた。

「百姓暮らし」とはまず第一に「自給自足の暮らし」である。自給自足の意味については第一部の全体を通して明らかにしたいが、工業社会で稼いだ金を注ぎこんで家庭菜園を作って「自給自足」と称している人がいる一方、貨幣経済との係わりを断って閉鎖的に生きるのでなければ、「自給自足」とは言えないと考える若者もいるので、ここでその本義に触れておきたい。

現代では、とくに都会に住む人たちは「自分がなぜ生きていられるのか」が解らなくなっている。分業が細分化して、一日中机の上で計算をしたり文字を書いている人が、月々の給料を貰い、食糧その他の生活必需品を買って生活する。スポーツをしたりゲームをしたり、遊んで生活する人もいる。どうしてそんなことが可能なのか、昔の百姓たちの生活に比べて心の片隅みでは誰もが不思議に思いながら、「社会の発展」といった抽象的な言葉で片づけて、深く考えずに流れに身を任せているというのが現実だ。百姓暮らしの記憶がある大人でさえそうなのだから、物心ついたときにはまわりの人々がそれぞれ勝手な生き方をしながら、物だけは豊かにあふれている社会であった子どもたちは、「自分がなぜ生きていられるのか」解らない。食糧も衣類もスーパーマーケットの棚に並んでいるものであり、命令を要領よくこなしさえすれば、欲しい物は手に入る社会なのである。

このような人生は幸せだろうか。

複雑な分業のなかに、必ず人と人の差別や搾取が隠弊されいくので、私はその意味でも現代社会のような分業には反対であるが、支配者たち自身の虚無的な心も不幸だと思う。自然のなかで自立して生きていくためには、人間は何をしなければならないか。昔の百姓たちはそれをよく知っていたし、それを実践しているという自信と誇りがあった。身はボロを着て泥にまみれていても、他人の労働を掠めとって生きているのではないという自信と誇り、「百姓魂」とでも言うべき精神があった。それは国を守るために最も大切な精神ではなかろうか。そして、それを次世代に伝えていくことが、教育の最も重要な目標ではなかろうか。この百姓魂を離れて「自給自足」を論じても詮ないことである、と私は思う。

⑶私たちの百姓暮らし

ところで私たち夫婦は昭和三〇年代の百姓暮らしを実践しようと努めているが、社会の変化のなかで変更を余儀なくされている部分もあり、また私たちの意思で選んでいる違いもあるので、「私たちの百姓暮らし」もスケッチしておこう。

都会から移住して百姓暮らしを始めた私たちは土地を持っていない。家は廃屋になっていたものを借りて、修理改造したものであり、田畑もすべて借地である。借地料が負担になるが、欠点ばかりではない。先祖伝来の耕地であれば、田畑の割合や立地条件から農業の形態が規定されてしまいがちだが、私たちは自らの希望で規模も割合も決めることができた。国策として農業切り捨て政策が実施されている今日、田や畑はいくらでも借りられる。また土壌の性質は同じ村内でも場所によりさまざまで、離れたところを何か所も借りることによって、かえっていろいろな作物をつくりやすくなるという利点もある。

水田一反七畝・畑一反六畝からスタートしたが、仕事に慣れ余力ができるごとに借り増していって、現在（一九九六年）では水田二反二畝・畑四反九畝になっている。

水田のうち二畝はレンコン栽培の蓮田で、残りは水稲をつくる。奥谷津の合計一六枚もある棚田で、収量は反当五、六俵である。ウルチ米九割、モチ米一割をつくるが、売るのは数俵でほとんど自家消費と縁故米になってしまう。

畑には小麦・大豆などをはじめ、コンニャク・西洋ワサビに至るまで、食べたいものは何でもつくる。年間だと約五〇種類になっている。大豆やソバなど、ほとんど自家消費されてしまうものもあるが、野菜の大半は地元の農家と共同で営む提携直販組織「次の世代を守る会」を通して売っている。この収入がわが家の現金収入の半分を占めている。

他に四畝歩ほどの果樹園があり、柿・栗・ブドウ・リンゴ・サクランボ・キーウィ・イチヂクなどが植えられているが、果樹栽培は無農薬では難しく、現在のところ柿・栗・キーウィ・イチヂクぐらいしか穫れない。穫れてもほとんど自家消費である。

家畜としてはニワトリを一五〇羽ほど飼っている。飼料を自給するのは困難で、自家飼料は野菜屑や雑草など青ものだけである。主に輸入トウモロコシ、大豆カス、魚粉、米ヌカなどを買って与えている。昭和三〇年頃に養鶏中心の農業をやっていた人の話によると、当時はニワトリを二〇〇羽飼えば一家の現金収入として充分だったそうだが、その飼料を自給するために二町歩の畑が必要だったという。

ニワトリの卵は現金収入の約三割を占めている（残りの二割は、農閑期に頼まれて行なう講演などの謝礼である）。したがって経済的にも必要であるが、牛や馬を飼っていないわが家では、廏肥の供給源としても重要である。養鶏は安い輸入飼料に依存してのみ可能なので、私は矛盾であり妥協であると自覚している。

この妥協は、耕起のために耕耘機（七馬力のテーラー）を用いていることと関連している。十三年前に百姓暮らしに飛びこんだとき、私は自分の体力や技術に自信がなかったので、農協の知人にすすめられるままに耕耘機を買った。江戸時代の農夫のように一日に一反歩も耕すことができれば、せめて五畝歩を耕せれば、耕耘機なしでもやっていけるかもしれない。実験したところ、恥ずかしいことながら私は二畝が精いっぱいで、五分の一の体力では到底続かないと思った。思想から言えば矛盾であるが、最初に耕耘機を拒否していたら、私の百姓暮らしはおそらく挫折していただろうと思う。

そのような妥協の産物として、ほかに草刈機とチェーンソーがある。はじめは畦草も鎌一本で始末したが、放置された栗畑を借りて野菜畑にする段になって、背丈ほどもある雑草にてこずって草刈機を購入した。谷津の棚田は畦の幅も広く、長さも数百メートルに達するので、草刈機はとても役に立っている。ほかに畑の始末にも使う。

チェーンソーは主に冬の仕事に使う。私たちは山林を持っていないが、近頃は一般にあまり間伐材を利用しないので、近所の親しい農家からいただける。それを利用してニワトリ小屋、堆肥小屋、果樹棚などを作ったり、棚田の土手を補修するのである。

先に引用した文でN氏は、「堆肥をつくるとしたら一千万円もかかるのでやれない」と言っていたが、それは歪んだ大規模農業での話で、「百姓暮らし」ならほとんどタダである。わが家の一〇坪ほどの堆肥小屋は、間伐材と無料で貰ってきた建築廃材、大型トラックの荷台のスクラップなどでできており、購入したのは屋根用のトタン板と釘だけである。もちろん堆肥材料もタダ、切返しも人力でするのでお金はかからない。

チェーンソーはまた椎茸・ナメコなどのキノコの栽培をするのにも役立っている。

これらの作業は昔からの道具でできないことはないが、第一に周囲の生活に比べるとき、あまりにも効率が違うので心理的な負担になること、第二に全体として機械類を拒否するのでないかぎりは、所有する機械の維持にもお金が要る（とくに運搬用の軽トラックの負担が大きい）ので、ある程度効率を追及しないとやっていけないこと、この二つの理由から妥協として使い続けている。

これは若い人たちに言いたいことであるが、生活を変革しようとするとき、矛盾を恐れてはならない。私たちが前から自給自足の生活をしていて、機械が外からやってきた誘惑ならば、私たちは「思想によって」それを拒否することができよう。しかし、私たちが気づいたときにはすでに社会は病んでいて、私たちの感性も体力もその病んだ社会につくられていたのである。その場合「思想と矛盾するから」といって病んだ社会のすべてを拒否するなら、彼は自分自身の生活に耐えがたい飛躍を強要するだけでなく、社会と斬り結ぶこともできないであろう。私たちは否応なく一つの社会のなかに生きているので、社会が病んでいるならば、自分だけ健康であることはありえない。また自分だけの健康を求める者は、決して社会の医者たることもできないであろう。

大切なのは妥協が目標に向かうための着実な前進の一歩であるか、それとも思想と実践との決定的な乖離であるかを見定めることである。

そのような判断から、私はトラクターは使わない。トラクターがあれば耕耘機の数分の一の時間で耕せるだろう。何より深耕できるのが魅力である。新たに作物を作ろうとして畑を準備するとき、私たち夫婦はまず畑の草取りから始めなければならない。小さな耕耘機では雑草を鋤きこむことができないからである。トラクターを持っている人たちは、かなり大きな雑草が茂っていても、そのまま耕してしまう。数日後にもう一度耕せば草はまったく見えなくなってしまうし、緑肥にもなる。この労力はかなりの違いで、羨しく思わぬこともない。私たち夫婦が五反歩の畑に注いでいる労力で、一町歩以上の畑を耕作できるかもしれない。また耕耘機では深耕ができないので作物の出来にも係わる。私たちはヤマイモやゴボウを輪作し、スコップで少しずつ天地返しをして耕耘機の欠点を補っている。

私は「耕耘機ならよいが、トラクターは駄目」と言っているのではない。私たちはたまたま耕耘機からスタートした。それは機械を否定する思想（第二章を参照）を持つ私たちにとって余儀ない妥協であった。その私たちにとっては、トラクターは退行だから拒否している。もしトラクターを許容すれば、私たちに怠惰を許すものがつぎつぎに欲しくなり、コンバインも欲しい、トレンチャーも欲しいということになろう。それでは近代農業の歩みを追いかけているにすぎないことになる。

化学肥料と農薬はいっさい使わない。わが家の肥料は完熟堆肥と鶏糞、および近くの酪農家の牛舎から出るマエゴエを長期間積んでおいたもの、そして油カスを発酵させた液肥などである。

私には自分が有機農業をやっているという意識はない。作物の安全性や地力の維持という点から有機農業は大切だと思うし、気心が合うので有機農業を営む友人が多いが、私にとっては、まず自給自足の「百姓暮らし」という目標があって、その結果必然的に有機農業になるのである。つまり「百姓暮らし」では、できるだけ元手をかけない農業をしなければならない。

機械や肥料や資材に元手をかければ、それに倍する収益を得るために、どうしても大規模化する方に進んでいく。するとさらに大型のトラクターも、特殊な機械類も欲しくなろう。また充分な堆肥も自給できなくなって、有機質の金肥に頼ったり、生糞農業に堕落したりする。さらに単一作物を何反歩もつくるのでは、労働の質が変化して喜こびが失われるだろう（第四章(3)を参照）。

最後にわが家の暮らしの支出の方も簡単に述べておこう。ニワトリの飼料・軽トラックの維持費・種代など農業の必要経費を除くと、生活費は平均して月額一五万円ほどである。内訳は食糧費約四万円、水光熱費・税金・地代家賃各約二万円（計六万円）、そのほか毎月ではないが、衣料費・書籍費・調度品の購入費・冠婚葬祭などの交際費がかかる。

食糧についてはほとんど自給しており、日常的に買うものとしては、醤油・油・塩などの調味料、だしジャコ・昆布・若布などの海産物、豆腐・納豆などである。ほかに酒、お茶・菓子などの嗜好品も買う。菜食主義ではないが、平常は肉や魚は食べない。肉を買うことはないが、魚の方は田植えや稲刈りなどのいわゆるハレの日や「友遠方より来たる」といったときには買って食べる。またパン・豆腐・酒などは自家製の材料で手作りするときもあるが、夏は忙しくてできない。農閑期で客をもてなすときのほかは購入してしまう。

水光熱費は電気・ガス・灯油代である。洗濯機と冷蔵庫は主婦の労働を軽減してくれるので、電灯と同じく捨てがたいものである。ガスと灯油は煮炊きと風呂に使っている。自給という観点からは、山林が有効利用されない今日、燃料の木材はいくらでもあるので、ガスや灯油は不要のはずである。しかし、この妥協は冬期の労働を削減して、こうして文章を書いたり、本を読んだり、また講演活動をしたりする時間的余裕を与えてくれる。私たちは自分らの生活を社会変革の運動としても位置づけているので、この妥協を受け入れている。

ぜいたく品と思われる電化製品は、電話と一台のラジオぐらいで、テレビ・クーラー・ワープロなどはない。(何がぜいたく品であるかは、主観の問題という人がいるかもしれない。私は工業化以前の社会にもあった道具と同じ機能を持つ代替品は一応認めている。欲望を開拓して新たに生まれた機械や道具は、なくても不便を感じないので、「ぜいたく品」と考えることにしている。（詳しくは第四章(2)を参照）

私たちのささやかな支出のうちで負担感があるのは、健康保険などの税金と冠婚葬祭などの交際費である。これらは昔の生活をしたい私たちが否応なく巻きこまれている現代生活なのである。

第二章●他人《ひと》を泣かせない暮らし

(1)進歩の思想について

「工業社会になって私たちの暮らしは便利で豊かになった」とたいていの人が言う。私の子どもの頃には、母は盥《たらい》と一枚の板で洗濯をしていた。年輩の人ならどなたも記憶があろう、波状の溝が彫られた洗濯板に汚れものを置き、手でごしごしこすって洗っていた。そのせいばかりではないが、冬になると母の両手はひびやあかぎれがいっぱいで、子どもの目から見ても哀れなものだった。今はどの家にも自動洗濯機があって、スイッチひとつでやってくれる。女性の手はおしなべてきれいになった。

私は「豊かさ」については疑問符を打ちたいが、洗濯の一事をとってもこの「便利さ」をもたらした工業文明を軽々には否定できないと思う。しかし、この便利さを「文明の進歩」という言葉で何の疑問もなく肯う人たちが多いのを見ると、その楽観的な見方を批判せざるをえない。

歴史家たちは文明の歴史を「古代・中世・近世・現代」のように区分する。この区分は、文明が次第に優れたものへと進歩してきたという彼らの先入観を反映している。つまり、知識の累積が少なく、それゆえに野蛮であった古代から、よりましな中世へ、中世からそれよりましな近世へと進歩発展してきて、現代の文明は——いろいろと欠点があるにせよ——過去の時代より優れた人類の到達点であるという歴史観である。

人間の歴史には、たしかにそういう側面がある。若い頃に言語哲学を研究していた私は、人間の言語が知の累積のための道具であって、言語があるために人間の暮らしは動物たちの暮らしからかくも離れたものになった、と考えている。しかしそれは少なくとも二百万年にも遡る人間と言語の歴史を、大づかみにしたときに言えることであって、「わずか」数千年の文明の歴史にもあてはまる原理ではないであろう。

中国においては五行説が代表的な世界観である。これは五つの要素（水・木・火・土・金）の同時的な相互依存（五行相生説）と、歴史的な循環（五行相勝説）によって、自然の現象を解釈するものである。人間はその相互依存的な全体（宇宙）の一部分であるとともに、人間の生存全体が五行によって成立する小宇宙であると説かれる。

たとえば木気盛んなときが春であるが、人もまた木気の活動によって耕種・樹芸を開始するという。またその木気盛んなときには、庭を歩き髪を結わずにゆったりした衣服を着るべきで、それに反すると肝臓を害するという。

このような世界観のなかでは、「知識の累積によって文明が上昇発展していく」という進歩の思想は起こりえないであろう。自然が循環しているように、文明の歴史もまた循環するものである。人間の知性は自然を自由に操るために発揮されるのではなく、自然を統べている原理の現われとして、自然の大いなる手のなかで発揮されるのである。

インドの思想においては、人間の知性はさらに否定的に扱われる。その点はインド思想の主流であるバラモン教ーヒンズー教の系譜でも、またバラモン教の革新運動として起こった仏教やジャイナ教でも同じである。つまり、通常の私たちの認識は、自分で気づかないうちに知性によって歪められており、知性が介在する以前の、ありのままの直観こそが真実であると説かれている。通常の知性は私たちを迷わす虚偽の発明しかもたらさない。私たちが真実に到達するためには、修行を積み重ねて知性の障壁を乗り越えなければならない。大まかに言えばこの点でインド人の認識は一致しており、彼らの対立は「知性はいかにしてわれわれを惑わすか」したがって「どのような修行をすればそれを克服できるか」という点にのみあったように思われる。

このような人間観と進歩の思想が相入れないことは言うまでもない。進歩の思想はインド人たちとは正反対の信念、つまり「直観的なもの自然のままのものは不完全であり、人知によって練りあげたものこそ完全に近づく」という信念と一対のものである。

東洋だけでなく、アメリカやアフリカにも進歩の思想は見あたらない。たとえばアメリカ・インディアンのホピ族の伝承を見てみよう。ホピ族の伝承では今までに滅んだ三つの世界があって、われわれは第四の世界に住んでいる。それらの世界はすべて太陽の顔を持つ創造主タイオワの命によって、男神と女神が協力して創ったものである。彼らは人間を創造し、人間が「生きることを楽しみ、創造主に感謝できるように」知性を授ける。しかし人間は次第に傲慢になり、創造主への感謝を忘れて相争うようになる。醜悪になった世界を見て、男神と女神は世界を滅し、敬虔な心を失わないわずかな人々に再出発させるのであるが、やがて時が経ち人間が地上に増え広がると、人間はまた失敗をくりかえすのである。

ホピの伝承では歴史は退歩のように見える。第一の世界では「人も獣も一つのように感じて」いて、話さずとも互いに理解できたのであるが、第二の世界でははじめから獣は遠く隔たったもの、魂の交流ができないものとしてあった。前の世界よりは後の世界の方が、人間は文明化し生産力は大きくなり物は豊かになるのであるが、それとともに人間が神からはじめに授けられた知恵は忘れられ、ますます醜く争うようになるのだった。彼らにとって、文明化とは「困難の増大」を意味しているにすぎない。

どうやら進歩の思想は古今東西に普遍的にあるものではなく、ヨーロッパに発生したきわめて特異な思想のようである。私の考えでは、それが学問の主流になるのは十九世紀になってからのことである。すなわち種の進化を説くダーウィンの生物学、弁証法的な発展を説くヘーゲルの哲学、言語・文化の発展過程を明らかにしようとするシュライヒャーの比較言語学などである。(比較言語学は、ヨーロッパ諸言語を最も進歩した言語であると前提し、世界の「より未発達な」言語を収集し、構造を比較検討して、言語の形成と発展の過程を実証しようとしたのであった)

それでは、このような進歩の思想はヨーロッパの近代に何故に出現したのであろうか。また何故にかくも急速に世界中に流布したのであろうか。歴史を明らかにするのが主題ではないので、ここでは大ざっぱな議論しかできないが、これらの問いに答えるためには近代の世界史を見直すことが必要である。

私たちが学校で習う歴史はヨーロッパ中心の歴史であり、その行為を正当化する眼差しで見られている。それを支配される側から見直すとき、はじめて進歩の思想の出自が明らかになるように思われる。また、進歩の思想を払拭しないことには、私たち夫婦が行っている「百姓暮らし」の意味を本当に理解し、自ら実践してくれる同志も現われないだろうから、あえて近代の世界史を論じよう。

進歩の思想は十九世紀に突如として出現したのではなく、ヨーロッパの思想書や文芸書をひもとくと、少なくとも十六世紀ぐらいから幾人もの先駆者を見いだすことができる。私の考えでは、それは一方ではルネサンス以来の人文主義（ヒューマニズム）と平行しており、また他方では大航海の時代以来の、ヨーロッパの世界侵略の歴史と平行して形成されてきたのである。

歴史家たちによれば、中世ヨーロッパは個人の自由な思考や行動が抑圧された暗い時代であった。教会が政治権力を握っていたので、学問は聖職者に独占され、聖書の教条が合理的思考よりも尊重された。また現世的な知である技術は、下賎なものと見なされていた。ルネサンスは人文主義を旗印にして、そのような抑圧された状態から個人を解放しようとした運動であったという。

その認識はたぶんまったくの誤りではない。しかしルネサンス以降ヨーロッパ人たちはただ単に抑圧をはねのけただけでなく、人間の知性や技術を過度に信頼し、うぬぼれた人間至上主義（ヒューマニズム）に陥っていく。

その一例として十六世紀の理想をトマス・モアの『ユートピア』のなかに見てみよう。モアはユートピア国の具体的な描写に入る前に、語り手ヒスロデイに次のように言わせている。

「……われわれの国々に人間がまだ居住していなかった前から、すでにあの国（ユートピア国）には都市があったということです。賢人によって発明されたもの、偶然によって発明されたものなど、こちら（イギリス）にあるものはほとんど何もかもそこにあります」

モアにとって文明とは人間の発明・工夫の蓄積であり、上昇・発展していくものであり、ユートピア国では人間の文明はずっと先に進んでいる。ユートピア国では一日六時間の労働ですべての国民にありあまる物資が供給される。それが可能なのは、あらゆる人が平等に働き誰も不当にたくさん独り占めにしないからでもあるが、同時にまた自由時間が学問と新たな技術の発明に費やされて、生産力が大きくなったせいでもある。そこでは少数の「知識人の一団」が選ばれ、肉体労働をまぬがれて学問に専念している。

ユートピア国には法律が多い。財産の共有、国民の皆労、公平な分配などが定められているだけでなく、旅行をするのにも許可が要り、一日の理想的な時間割さえも決められている。「いつも食事を始める前には、まず善き行儀や徳に関する文章を少し読む」のまで決められては、退廃的な自由に慣れた私たちにはユートピアというより窮屈な全体主義と映るほどである。ともあれ、このようにモアが理想的な法律を考案してユートピアを実現しようとするのは、「人間は放っておけば欲望のままに悪を為す」と考えているからであろう。モアにとっては労働も、「正義のために誰もが行わなければならない義務」である。

明らかにここには進歩の思想とヒューマニズム（人間至上主義）の共有する前提が、つまり「自然に放っておいたものは不完全で欠点だらけであり、人為的に練りあげたものこそがより良いものである」という信念が見てとれる。

トマス・モアが生きた十六世紀のイギリスは、封建制が崩れ資本主義が起ころうとする過渡的な時代であった。農業とわずかな手工業による自給自足的な生活が、貨幣経済の発達によって崩壊していく。ヨーロッパ各国で騎士階級に代わって商業資本家が台頭する。彼らは積極的に貿易を行なって富を集めた。商品は国によって異なるが、ヨーロッパ諸国は酒・武器・乳製品・毛織物などを輸出し、東方から香辛料（とくに肉を腐らせないために胡椒が珍重された）や金銀を輸入した。なかば海賊であったイギリスの商人は、やがてその武力的な優位から一大帝国を築くことになるが、この時代はマニファクチュアによって生産した毛織物が主な輸出品だった。原料の羊毛を調達する必要からいわゆる「囲い込み」が行なわれ、農民は土地を奪われて安価な労働力として都市に流れていった。

カトリックの敬虔な信者であったトマス・モアは、新時代の競争に打ち勝つことにのみ腐心し社会全体の幸福を考えてみようとしない権力者たちを批判して、『ユートピア』を書いた。しかし内容をよく見てみると、その批判は近代に対するキリスト教的中世からの批判ではなく、人間の理性をまだ正しく使っていない「未熟な近代」に対する、来たるべき「真正の近代」からの批判なのである。

人間の知識の発展に対する信頼、技術に対する積極的な肯定、古いものへの軽蔑——トマス・モアの「夢」のなかには、今日私たちがあたりまえのものとして共有している進歩の思想がはっきり読みとれる。

しかしながら、ヨーロッパにもルネサンス以前には進歩の思想は見あたらない。考えてみれば、自給自足的な社会ではそれは生まれえないであろう。後に詳しく見るが、太陽の恵みは命あるものすべてに公平なので、収奪を行なわなければ豊かさが直線的に増して行くことはない。つまり「進歩」と形容されるような社会の変化は起こりえない。自給自足的な生活のなかで人々が願うことは、年々の物質の循環が天災や人災で跡絶えてしまわないことである。進歩の思想は、社会が収奪によって直線的に豊かになっていくときに、それを自己欺瞞的に正当化するために産み出される特異な思想なのである。

実際、大航海の時代から今日に至る五百年間は、大規模で徹底的な収奪が行われてきた、人類史のなかでも特異な時代だった。

コロンブス以後、スペイン人によって新大陸から略奪された金は約三五〇万キログラム、銀は約一億キログラムにのぼるという。銀は十七世紀の中頃までにヨーロッパの総備蓄量の三倍も流入した。この莫大な金銀は、スペインの王侯貴族や僧侶たちのぜいたくのために浪費され、ヨーロッパ各国に流れていき、各国はそれを資本にして商業革命を起こした。

もっとも——これはあたりまえなのに、なかなか気づかれないことだが——金銀は食べることも着ることもできないので、それ自身によって暮らしが豊かになることはない。金銀を代償に多くの人の労働が収奪されることによって、金銀の持ち主が豊かになるのである。ついでに言えば、石油などの地下資源も同じである。人間は物があることだけで豊かになることはない。物を手段として他の人々の労働を収奪するとき、人間は他の人々よりも豊かな暮らしをすることができるのである。したがってこの時代には、アメリカやアフリカの人々ばかりでなく、莫大な金銀の流入によって労働を収奪されたヨーロッパの労働者や農民も苦しんだのであった。

十七世紀以降になると、ヨーロッパ人たちはもっと直接的に外国人の労働を収奪しようと考える。その典型は奴隷貿易である。

人間同士の差別や支配は古今東西にあるが、まさに奴隷制とよぶべき異民族に対する非人間的な扱いはヨーロッパ独特のものである。人間を家畜のように扱うという発想は、穀物生産では暮らすことができず、牧畜によって生きたヨーロッパ人に独特のものである。ローマ時代から奴隷制のうまみを知っているヨーロッパ人は、伝統的に被征服者を奴隷化していた。アフリカ人を奴隷にする貿易も、すでに一四四一年からポルトガルが行なっていたが、それが一気に拡大するのは新大陸の発見からであった。

スペイン人たちによる新大陸の略奪は残虐きわまるもので、新大陸の人口はまたたく間に激減してしまった。金銀の鉱山や砂糖などを栽培したプランテーション農場での過酷な労働、そしてヨーロッパ人が持ちこんだ天然痘などの伝染病によって、七〇〇〇万人から九〇〇〇万人いたと推定される新大陸の人口は、一世紀半後には何と三五〇〇万人に減ってしまった。

その労働力を補充するために、一六〇〇万人ものアフリカ人を奴隷として送りこんだのであった。当時の奴隷の平均寿命は、鉱山ではわずか二年、農業労働でも七年であったという。まさに家畜なみの扱いであった。しかも奴隷船にブロイラーのように押しこめられて新大陸へ行きつくまでに死んでしまった者も多く、奴隷貿易に関わる被害者の総数は五〇〇〇万人とも六〇〇〇〇万人とも推計されている。

奴隷商人たちはヨーロッパの武器や酒をアフリカに売りつけ、奴隷を連れて新大陸に渡り、銀・砂糖・綿花・コーヒーなどをヨーロッパに持ってくる。いわゆる三角貿易を行なった。（言うまでもなく、三角貿易は単に三カ所を結ぶ貿易という意味ではなく、三度収奪するぼろい商売という意味を持っている）

奴隷商人たちはアフリカの部族間の抗争を利用し、武器を売りつけて戦いを煽った。戦いの敗者が奴隷として売りとばされたのである。諸部族は奴隷になることへの恐怖から、競って武器を買うという悪循環――構造的には今も続いている悪循環――に陥り、狡猾なヨーロッパ人だけが利益を得たのであった。

はじめのうちアジアではそうした乱暴な略奪は行なわれなかった。インドと中国という二つの大国の実力が知れないうちは、ヨーロッパ人たちもうかつには手を出せなかったのであろう。少なくとも十六・十七世紀は通常の商取引によって東洋の産物を得ようとしたように見える。しかし、豊かなインドや中国にはあらゆる産物が揃っていて、貧しいヨーロッパから買いたいものはなかった。イギリスは毛織物を輸出しようとしたが、それは不評で売れなかった。結局、胡椒・スパイス（チョウジやナツメグ）・綿織物・絹織物・コーヒーなどをヨーロッパに持っていくかわりに、新大陸から略奪した金銀を持ってきたのであった。

十八世紀になると中国が貿易の相手国に加わり、ヨーロッパに茶・絹織物・陶磁器などの消費ブームが起こる。銀の流出に堪えられなくなったヨーロッパは、一方でインドを植民地化し、アヘンを栽培させてそれを中国や東南アジアへの支払いにあてるという三角貿易を成立させた。もちろん暴力で押しつけたのである。その結果、銀はふたたびヨーロッパの方へ逆流することになった。

このように非道のかぎりを尽して、アメリカ新大陸とアフリカおよびアジアから収奪した莫大な富――エルンスト・マンデルの計算によると、「一六六〇年までにアメリカから強奪された金と銀の価格、一六五〇年から一七八〇年の間にオランダの東インド会社がインドネシアから奪い取った略奪品、十八世紀の奴隷売買によるフランス資本の利益、イギリス領アンティーリャス諸島の奴隷労働力から得られた利益、半世紀間にイギリスがインドから得た略奪品を合計すると、それは一八〇〇年までにヨーロッパの全産業に投資された資本の合計を上まわっている」という。（E・ガレアーノ『収奪された大地』による。傍点は筧）

要するにヨーロッパ近代の富は彼らが産み出したのではなく、収奪してきたのである。またこの莫大な富がヨーロッパ人に「遊んで暮らす人生」を可能にし、それが自然科学や芸術を発展させたのである。ちょうど古代ギリシャやローマ帝国の人々が、奴隷制の上に学問と芸術の花を咲かせたように。

自然科学の発展は科学技術をもたらし、自動機械や新兵器を産んだ。そうしてヨーロッパ人の世界支配はますますゆるぎのないものになっていったのである。

ところで、ヨーロッパ人といえどもこの非道の行為を、良心の何の苛責もなく続けられるものではない。無意識の領域ではたぶん自覚している罪悪を、意識の領域では決して気づこうとせず、己れの行為を正当化する「自己欺瞞」が、十六世紀から今日までえんえんと続けられることになった。

私の考えでは、はじめはキリスト教がその役割を担っていたが、教会の没落と機械の登場によって、進歩の思想に席を譲ることになる。

キリスト教の布教という大義名分のもとに侵略が進められ、宣教師たちがその先兵を勤めたことは、よく知られた事実である。

砂漠の宗教であるキリスト教では、もともと慈悲よりも威厳が、和合よりも殉教が尊ばれる。それは厳しい自然環境のなかで生きぬくために必要な統率力だったのだろう。しかし内なる団結は外への不寛容と表裏である。キリスト教が異教徒に対して不寛容だったのは、ユダヤ人への迫害や宗教裁判の冷酷さを見ても分かる。

異教徒は人間ではなかった。スペイン人が新大陸の村々を襲撃して掠奪したとき、彼らは「形式的に」キリスト教に改宗するように勧告したという。掠奪者たちは攻撃する前にキリスト教の神による世界の創造を説き、したがってローマ教皇が世界の支配者であると宣べる。そして「教皇とスペイン国王に服従せよ。さもなければ即刻戦いをしかけ、殺したり捕えたりするぞ」という『催告（レケリミエント）』を読みあげてから、無力なインディオたちを虐殺した。もとより本気で改宗を求めたのではない。宣教師ラス・カサスの告発によれば、村外れの「自分たちだけしかいないところで」催告を触れまわった。つまりこの掠奪は神の御心にもかなうのであると、自分たちの行為を正当化しただけであった。

建て前だけに使われるキリスト教が、ヨーロッパ人自身の信用を失っていったのは、当然のことである。そうすると彼らは、進歩した文明人（？）が、退化した野蛮人を支配することの正当性を主張するようになった。

ヨーロッパ人同士については万民の平等を説いているモンテスキューは、彼の『法の精神』（一七四七年）のなかで臆面もなくアジアやアフリカに対する偏見を述べている。

「アジアでは、隷従の精神が支配しており……（中略）……その全歴史において自由な精神を特徴づけるただ一つのしるしも見いだすことは不可能である」

「きわめて賢明な存在である神が、魂を、とくに善良な魂を、まっくろな肉体に宿らしめたもうたなどとは考えられない。……（中略）……黒人が常識をもっていないことは、かれらが、文明国ではきわめて大切な金よりも、ガラスの首飾りを好むことからも証明できる。黒人を人間だと考えることは不可能である」

また人種差別を正当化するために、ダーウィンの適者生存説も一役買った。つまり、人類は進化の最先端にあって、他の生物を支配する「万物の霊長」の地位についたが、その人類の内部でも、白人が最も優秀な適者で、他の人種を支配するのは当然である、というのである。

さらに十九世紀のイギリスでは、「文明の進歩したイギリスが、野蛮な国々を植民地化し、原住民を文明化してやる義務がある」とする議論までなされたのであった。

アジアやアフリカやアメリカからの収奪によって貧しいヨーロッパが比類なく豊かになり、科学や芸術を花開かせたとき、彼らはうぬぼれと罪悪感から、自己欺瞞として進歩の思想を産み出した、と私は思う。

ところで、現代の私たちはこのような乱暴な主張をすることはない。しかし、工業国の人間の一日の賃金が一万円であるのに対して、非工業国の人々のそれが五百円であっても、その不公平に何の疑念も抱かず、「文明の進歩」のせいにしてはいないだろうか。自由貿易という耳に快い形容詞をつけた収奪によって、南北の経済隔差がどんどん広がっている事実を、「能力の差」にしてはいないだろうか。私たちは依然として進歩の思想という自己欺瞞のなかにいるのだと認めなければなるまい。

この自己欺瞞は何故にかくも根強く蔓延しているのだろうか。

昔ニューギニヤの高地人たちが空を飛ぶ巨大な鉄の鳥を見て、神と崇めたという話を新聞の特集記事で読んだことがあるが、私たちも同じ「驚き」のなかにいるのだと私は思う。

昔なら歩いてひと月もかかったところへわずか数時間で行ける。鍬で耕したら一日かかる仕事を、数十分で片づけてしまう。地球の裏側にいる人の声が届く。顔が見える。そうしたことへの驚きから、無反省に現代文明を高い位置におき、そこを到達点として歴史を見ようとする。だから技術も、政治や経済の仕組も、さらには哲学・宗教・芸術まで、現代のものが最高で過去の歴史はそこに至る発展の過程であるかのように考えてしまうのだと思う。

したがって、この自己欺瞞を解体するためには、私たちが心の奥で持っている機械に対する「驚き」を鎮めなければならないだろう。次には「機械とはいったい何なのか」と問うことにしよう。

⑵機械とは何か

奴隷貿易で財をなした商業資本家から資金の援助をえて、J・ワットが蒸気機関を発明し、イギリスの産業革命が始まった。

周知のように綿工業の機械化はインドの綿織物業に壊滅的な打撃を与えたが、国内でもマニファクチュアの職人は仕事を奪われ、幼い子どもでもできる単純労働に従事する労働者の生活は非常に惨めなものになった。

機械制工業によって利益をえたのは、はじめは資本家たちだけであった。十九世紀前半のイギリスには大別して三つの階級が成立したようである。つまり大土地所有者でまったく労働しないで遊んで暮らしている上級階級（ジェントリ）、工場経営者・貿易商人・運輸業者・農場経営者などのブルジョワジーと、弁護士・医者・軍人などの専門職からなる中流階級、そして圧倒的多数の労働者階級である。長島伸一氏の『大英帝国』によれば、中期ヴィクトリア朝の頃の、上流階級の平均的な年収は一〇〇〇～三〇〇〇ポンド、中流階級の年収は一〇〇～三〇〇ポンド、そして労働者のそれは六〇ポンド前後であった。人口の八割を占める労働者とその家族は、不衛生な「太陽のない街」に過密に押しこめられ、食べ物もパンと紅茶が中心で、肉や野菜や果物などはめったに食べられなかったという。

産業革命の初期、十八世紀末から十九世紀初頭にかけて、イギリスでは機械そのものを打ち壊す運動が起こった。一七七九年のランカシャ暴動、一七九六年のヨークシャ暴動、一八〇二年のウィルト・サマシット州の暴動と続き、一八一一年と一八一六年の二回にわたってノッテンガムシャで起きた「ラダイツ運動」がそのピークであった。これはマニファクチュアの職人たちが、失業と惨めな単純労働の元凶を「機械それ自身」と考えて、打ち壊しにはしった事件であった。彼らは、ケー、ハーグリーブス、アークライト、カートライトなどの発明家たちの工場や住宅を襲撃し、織物の機械を壊した。そして二回とも軍隊によって鎮圧され、首謀者数名が処刑されたのであった。

ラダイツ運動は、攻撃すべき対象を見誤った、無知でヒステリックな行動と評価されている。「機械は善であるか少なくとも中立である。機械の存在が労働者を苦しめるとしたら、それは機械の使い方が悪いからである。機械の持つ大きな生産力を公平に使わず、それが産み出す利益を独り占めにする者がいるから、労働者が苦しむのである。使い方によっては、機械は労働者を重労働から解放する恩人ともなる」――この考えは社会主義者たちにもごくあたりまえのこととして認められてきたが、資源や環境が有限であることが明らかになった今日、本当に正しいのか否か検討してみる価値がある。

ラダイツ運動が起きたときW・コベットは『ラダイツへの手紙』と題する文章のなかで、機械それ自身を敵視する誤りを諭して次のような喩え話を述べている。

「機械が、自然的かつ必然的に悪でないことを明らかにするためには、共同生活をする一〇〇人の男子とその家族とからなる族長支配の種族を想定すればよい。そのうち四人の男子が布製造の手職に従事している。さて、必要な全部の布を一人の男子が製造できるような機械を、ある人が発明したとする。その結果この大家族は、(ほかの物はすべて十分にあるので)もっと多くの布を使うようになるか、あるいは、三人の布製造人の労働が、部分的にでもほかの部門で必要とされる場合には、彼らはその部門で雇われるだろう。このようにして全体は、この発明によって利益を受けるだろう。全体のためにもっと多くの衣服が作られるか、またはもっと多くの食糧が生産されるか、ないしは以前と同じ量のものが生産されながら、研究とレクリエーションのためにもっと多くの余暇が、社会に対して与えられることだろう」

一見もっともらしいこの喩え話は、実は現実的でない二つの前提によって成り立っている。

一つは、一〇〇人の男子とその家族が住んでいる土地が無限に広いという前提である。機械は原料を産み出すことはなく、原料をすみやかに製品に変えるだけである。したがって機械の発明によって布が増えるためには、手の空いた三人が原料の綿を栽培しなければならない。土地が無限であればそうした拡張が可能であるが、もし彼らが一平方キロの孤島に住んでいるとしたらどうだろう。もし族長が公平な人物であれば、織物機械の発明は衣服の増加につながらないだろう。なぜなら三人が新たに綿花の栽培を始めると、食糧を作るべき土地が削られてしまうので、族長はそれを許さないからである。反対に、族長が私利私欲の人物であったら、民衆の食糧を減らしてもわが身のぜいたくのために織物機械を動かし続けようとするだろう。そのとき機械は収奪の道具となる。

私たちが丸い限られた地球に住んでいるかぎり、コベットの仮定よりも私の仮定の方がより現実的である、と私には思われる。地球は私たちの目を欺くほどには大きい。それゆえに織物機械を動かし続けることによって「自給食糧のための畑を綿花畑に変えざるをえない人々」が一目瞭然には見えない。しかしこの時代のイギリスは植民地にそれを強制したのである。また今日でも工業国に原料を提供するために、あるいは工業製品の代金となる輸出作物をつくるために、南の国々の貧しい農民たちは自給作物の栽培を犠牲にしているのである。

機械が収奪の道具とならないようにするためには、コベットの議論の最後の選択肢つまり「以前と同じ量のものが生産されながら、研究とレクリエーションのためにもっと多くの余暇が、社会に対して与えられる」ように機械を使わなければならない。言いかえれば機械を「大きな生産力を持つもの」としてでなく、単に「私たちの労働をかたがわりするもの」として導入しなければならない。その場合には機械の働きによって収奪が起こることはないであろう。しかし、そのような機械はぜいたく品であって、今度は公平な社会でもそのような機械が存在しえるかどうかを問わなければならない。

コベットの喩え話の二つめの前提は、この問いを避けて通るのに役立っている。つまり「ある人が発明した」という表現で、機械がとつぜん天から降って湧いているのである。すでに見てきたように莫大な富の収奪の結果として自然科学の研究が可能になり、機械が発明されるのである。また機械自身が富の収奪の道具として働くからこそ、機械を製作するために必要な資源や労働力を、そこに集めることができるのである。

日本の農業機械は、実は「大きな生産力を持つもの」としてでなく、単に「労働をかたがわりするもの」として使われている稀な例である。日本の農業の場合、機械が大きな生産力を持っていてもそれを発揮しない。たとえば大型トラクターを持っている農民は、それによって数倍の土地を耕作できる能力を持つが、土地がないので先祖代々鍬で耕していたのと同じ面積を耕作している。

一年に数日しか働かないトラクターや、一日か二日しか働かない田植機やコンバインは、その活動によって収奪をしない。しかし日本の農民がどのようにしてその機械類を持つに至ったかを考えると、収奪と無関係とは言えない。

日本の農民にとって、機械自身は生産物を増やさないから、機械の生産力で元をとることはできない。農民は機械によって軽減された労働時間を兼業にまわして、機械の代金を払う。あるいは政府が支給する補助金で払うのである。そのようなことが可能なのは彼が工業国の人間だからであり、つまるところ日本の農業機械は、工業によって収奪した富をまわして持つぜいたく品なのである。

このことはいわゆる「緑の革命」の失敗によっても明らかにされた。品種の改良や機械・化学肥料・農薬の導入によって、一九六〇年代から七〇年代にかけて南の国々の農業生産高は飛躍的に伸びたが、結果として多くの自作農民が小作人に転落したり、離農して都市に流れることになった。その理由を端的に言えば、南の国々の農民は機械代や肥料代を農業そのものから捻出しなければならず、それができなかったということである。収奪した富を注ぎこむことができない彼らには、見かけの生産性が高くなるだけでエネルギー収支が低下する近代農業は続けられなかったのである。

地下資源の有限性という点から考えても、日本の農業機械のような「収奪しない機械」が世界の隅々にまで公平にいきわたることはありえない。各国の一次エネルギーの使用量を比較すると、北の工業国が世界の総使用量（石油換算で約七〇億トン）の約七〇パーセントを占め、いわゆるG7といわれる七カ国で約五〇パーセントを占める。人口の半分は南の国々にいるのであって、彼らが北の工業国なみに使うとしたら、石油をはじめとする地下資源のほとんどがまたたく間に枯渇するだろう。機械は、エネルギーを独占することによって工業国の人間だけが、しかも二十世紀の人間だけが持つことのできるぜいたく品なのである。

表面的な華々しさの裏に、富を収奪する武器としての機械の本当の姿を見抜いていたマハトマ・ガンジーは、『ヒンズー・スワラジ（インドの自治）』のなかで次のように述べている。

「わが国に機械熱がはびこったら、わが国も（ヨーロッパのように）不幸な土地になるでしょう。とんでもない意見だと思われるかもしれませんが、インドに工場を増やすくらいなら、マンチェスターに金を送って、破れやすいマンチェスター織を使った方がまだましです。その場合は、われわれはお金を浪費するだけですが、インドにマンチェスターをつくったら、われわれの血を売ってお金を集めるようなことになるでしょう。なぜなら、われわれの道徳がおびやかされるからです。……（中略）……貧困に苦しむインドなら、自由になることができますが、背徳によって豊かになったインドが、自由を獲得することはむずかしいでしょう」

機械はその本性において有害であるとガンジーは看破する。機械は富を創り出すのではなく、多くの人々を苦しめながら富を集める道具にすぎないからである。

明治維新以来、私たちはまさに「日本にマンチェスターをつくり、」搾取国の一員となって豊かになった。すでに見たように当時は冷酷非情なヨーロッパ諸国が世界侵略をすすめていたのであるから、明治政府の富国強兵の努力がなかったら、まちがいなく日本もヨーロッパの植民地となって苦しんだことだろう。支配者になるか奴隷になるかの二者択一しか許されないとすれば、日本人の選択もやむをえなかったのかもしれない。しかし、それにしても、「背徳によって豊かになった」日本は、ガンジーの予言どおり自立して生きる力を失い、精神の自由を失ってしまったと言えないだろうか。

明治の初期に日本に滞在したアメリカ人、ＥＳモースは、たくさんのスケッチや文章で当時の風俗を記録しているが、彼は『日本その日その日』のなかでくりかえし日本人の体力に対する驚きを述べている。たしかに、権力者たちに収穫物の半分以上も奪われながら、なお自立して生きぬいた江戸時代の百姓たちは、抜群の体力と気力を持っていた。たとえば地主に作男として雇われていた農夫は、耕しならば一日一反歩がノルマで、それが終ってから自分の田畑で作業したという。これは現代人に比べると驚くべき体力である。

自立して生きるには、額に汗して肉体労働を行ない、きわめて質素な消費生活をしなければならないから、江戸時代の百姓ほどではないにしても、相当の体力と気力が必要である。

ところが搾取生活をする支配者たちの体力と気力は必ず衰えていく。戦前の農夫でさえすでに一日五畝歩しか耕さなかったし、私などは二畝歩が精いっぱいだったという話はすでに述べたが、それとても近頃の若者に比べたらまだましだと言わざるをえない。

私の農場にはときどき百姓志願の若者が研修にくるが、二、三時間の除草作業が続けられない者、両肩に二本の丸太を担ぐことができない者、かけやの重さに振りまわされて杭が打てない者など、江戸時代とは逆の意味で驚かされる。そして私たちの暮らしをかいま見て、百姓仕事に慣れる前に諦めてしまう百姓志願者が多い。「はじめは辛くても、慣れればずっと楽になるよ」と励ましても辛抱できない。「私はしんどいことは嫌いです」などと捨て台詞を残して去っていく者もいる。

これがガンジーの言う「支配者の不自由」である。肉体労働を他人に押しつけてする文化人(?)の暮らしは確実に体力を衰えさせ、ぜいたくな暮らしは気力を萎えさせる。たとえ頭のなかで自立した生活をしたいと考えても、体力と気力がそれを許さず、彼は自己欺瞞的に自分を正当化しながら搾取生活を続けざるをえないのである。

進歩の思想を完全に払拭しているガンジーは、機械に対してとるべき態度を明快に教えてくれる。

「わたしの答は、ただ一つしかありません。これらの(機械で生産された)品物がインドに入ってくるまえに、われわれがどうしていたか? まさにそれと同じことを今日もやればいいのです。機械がなくてはピンがつくれないというなら、その間われわれはピンを使わずにやっていけばいいのです。派手で下品なガラス器などなくてもいいし、昔のように自家製の木綿糸でランプの燈芯をつくり、手製の素焼き皿をランプにすればいいのです。そうすれば目の健康にもよいし、お金の節約にもなる。そのうえ国産(スワデーシ)を助けることになり、やがては自治を獲得することになるでしょう」

工業製品の誘惑に打ち勝ち、伝統的な自給自足の生活を守ることが、支配者にも奴隷にもならない真の自立(自治)への唯一の道だと言うのである。

進歩の思想に毒されているあいだは、ガンジーの言葉を本当に理解することは困難であろう。ガンジーを尊敬し、独立のために共に戦ったあのネルーでさえ、近代化に反対するガンジーの深意が理解できなかったように見える。

ガンジーは言う。

「人の心というものは、一時もじっとしていられない小鳥のようなもので、得れば得るほどますます欲しくなり、決して満足を得られないのです。情欲にふければふけるほど、いよいよ抑制できなくなります。それゆえ、われわれの祖先は、われわれの欲望に制限をもうけたのです。……（中略）……われわれには、命をすりへらすような競争の体制はありませんでした。だれもが自分の職業に従事して、あたりまえの賃金を得ていたのです。われわれインド人が機械を発明する術を知らなかったのではなく、われわれの祖先が『もしわれわれが機械などに心を向けたら、われわれは機械の奴隷になって、徳性を失うだろう』ということを知っていたからです。そこで祖先たちはよくよく考えて、われわれは自分の手先でできるだけのことをなすべきだと決めたのです」

これは一九〇七年のインドで書かれた文章である。工業文明にどっぷりと浸ってしまった私たちが、ガンジーの言葉を文字通りに実践することはできないし、その必要もないであろう。しかし彼の言葉は本質をついている。未だ資源の限界も環境破壊も認識されず、ほとんどの人間が機械に対して羨望を抱いていた時代に、ガンジーの炯眼にはただただ敬服するほかはない。

ところで、銃によって略奪した莫大な富が科学技術を産んでからというものは、工業国は帝国主義よりももっと安全な収奪の方法を考えだした。それは表面的には南の国々の独立を認めながら、自由貿易という名のもとに不公平な貿易を押しつけて、富を集めるやり方である。

工業製品を売る北の国々と天然資源や農産物・手工芸品などを売る南の国々との貿易は、いろいろな意味で不公平なものである。

第一に、工業製品の原料やエネルギーは、伝統的な生活では使われなかった地下資源であったり、他国から輸入したものが多く、いくら売っても工業国自身の腹は痛まない。それに対して南の国々が売る農産物・木材・水産物などは、伝統的な生活で自分たちが利用していたものであったり、直接利用しないまでも彼らの生活を支えていた環境であり、南の国々はいわば自分の身を削って売るのである。

このような交換は本来すべきでないと思うが、百歩譲っても価格が何とも不公平である。南の国々が身を削って売るものは、現在の何十倍・何百倍も高くて当然であるし、工業製品はずっと安くて当然であろう。

第二に、工業製品は不健康な欲望を開拓することによって無限の市場を持っているが、農産物や水産物は人が生きるために必要不可欠であるかわりに、胃袋の大きさが限られているので市場にはおのずと限界がある。

喩え話としてドレスとスイカやエビの交換を考えてみよう。どんなに美味しいスイカやエビも誰でも食べられるだけしか買わないが、ドレスの方は一度に百着買うことも考えられないことではない。寒さをしのぐためであれば二、三着もあれば充分だろうが、ファッションという産業をでっちあげ、「毎日ちがった服を着てみせたい」という欲望をかきたてることによって、そうなるのである。

工業国は自動車・テレビ・クーラー・コンピューターと次々に新しい欲望の対象を創りだして売りつける。ガンジーが言うように、この機械という武器と戦う唯一の有効な方法は、南の国々の人々が欲望を自制して悪魔の誘惑に打ち勝つことであろう。しかし、残念ながら私たちの「心というものは、一時もじっとしていられない小鳥のようなもので、得れば得るほどますます欲しくなる」のである。
そのうえ、一部の大地主たちが富と権力を独占しているという、たいていの南の国の国内事情が加わる。そうした特権階級は彼らの欲望をみたすために工業国の手先となり、民衆から伝統的な自給自足の生活を奪って、工業国向けの商品作物をつくらせている。
こうして、たとえお互いの自由意志にもとづいた「自由」貿易であっても、植民地の時代と本質的に変わらない不公平な交換が続けられ、南の国々の富は北の工業国に絞りとられることになる。わたしたちが欲望を自制できない哀れな動物であることを考慮に入れれば、科学技術と機械は銃に代わる、工業国にとってはきわめて都合のよい「武器」なのである。(本物の兵器もこの不公平な関係を背後で支えていることは言うまでもない。アメリカの圧倒的な軍事力が守っている世界の「平和」とは、労働の対価に百倍の差があっても南の国々に反抗させないという意味でしかない)
工業国の繁栄の裏には、たくさんの泣いている人がいる。この現実は「援助」などでは解決しない。ODAの援助など、援助という名のもとにさらに巧妙な収奪が企てられる場合が多いが、最も純粋な心から出たものであっても、十を掠めとって一を返す行為でしかないであろう。

唯一の解決策は私たち工業国の人間が「自治」を回復することである。ガンジーが言うように自治とは隷属からの解放を意味するだけでなく、搾取しないと生きていけない支配者の不自由からの解放をも意味している。他国民を泣かせることのない、国民の自立的な生活がガンジーの「自治（スワラジ）」である。そして、私たち日本人がそうした自治を回復する方法は、ヨーロッパに強いられた五百年の歪んだ世界史を糺し、脱工業化して自給自足的な農業社会を建設することであろう。百姓暮らしはそのような理想を抱いた誇り高い生活なのである。

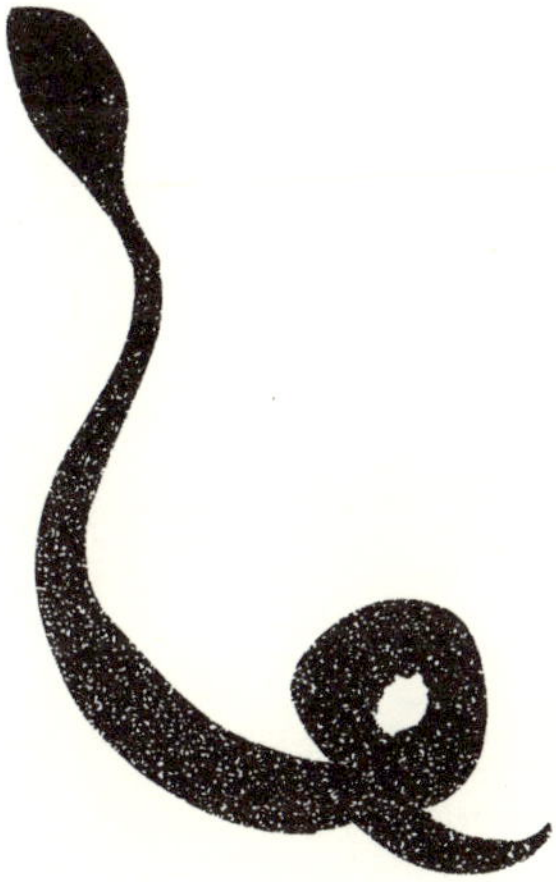

第三章●親から子へ伝えていく暮らし

(1)文化とは何か——工業社会の文化程度

人間の生活を他の動物の生活から区別するのは文化の有無であろうが、さて「文化とは何か」を考えると、答えるのは容易ではない。

辞書は「人間が学習によって社会から習得した生活の仕方の総称」（広辞苑）と定義している。つまり今日では政治・経済・教育・芸術・宗教など内容があまりにも多様なので、内容的な定義をさけているのである。しかし、その多様性のなかで文化が方向を見失っている現在、多少独断的であっても、内容に踏みこんで文化の本質を定義してみるのも意味のないことではなかろう。

私は「人間が安心して生きるために、親の世代から子の世代へと伝承し蓄積する知識や技術の全体」と定義したい。

カルチャー（文化）の原義は「耕作」であるが、耕作こそは飢えを回避して「安心して生きるため」の、もっとも基本的な技術であり知識である。また権力の横暴を抑えたり不公平に偏った富を貧しい人たちに返すための諸制度や、平和を維持するための諸制度も、「安心して生きるため」の知識と言えよう。

すでに述べたように大航海の時代以来ヨーロッパ諸国は莫大な富を収奪し、たくさんの遊んで暮らす人々を生んだ。そして彼らはこの定義から外れるさまざまな「文化のようなもの」を創りだした。

たとえば工業国のファッション産業が「安心して生きるため」の知識と言えるかどうかは疑わしい。それはむしろ人々の退廃的な欲望を開拓し市場を開拓するための活動であり、工業社会がその収奪による繁栄を続けるために考えだした知識の一つと言えよう。人々が自立して生きる社会では、それはたぶん生まれえないものである。

ファッション産業にかぎらず近代以前にはなかった諸文化(?)については、ひとまず疑ってみる方がよい、と私は思っている。芸術にせよ学問にせよ、文化の頂上にあるもののように喧伝されながら、実は支配者たちが搾取生活を続けるための活動であったり、自分を正当化するための自己欺瞞としての活動であったりする。また自分たちの根無し草の搾取生活に気づきながら、個人ではどうにもならない状況で虚無的になっている人々の、自慰的な活動であることも多い。私は文化を右のように定義することによって、そのような工業社会特有の諸活動をあえて「文化に似て非なるもの」として区別したい。

ところで、「安心して」というあいまいな修飾語を、もう少し厳密に言いかえるなら、安全性と永続性ということになる。

たとえば私たちはフグ料理を楽しむことができるが、フグを安全に食べるためには、どの種類のフグなら食べられるのか？　どの部所が危険なのか？　獲る季節には関係ないか？　どのように捌《さば》いたらよいのか？　などなど、祖先たちが幾世代もかけて蓄積し伝承してきた知識や技術が必要である。

フグやキノコの毒性が知られるようになるには、必ずそれを食べて死んだり病いに苦しんだりしたたくさんの先人の経験が要る。そうした先人たちのいわば人体実験によって、私たちの暮らしがより安全なものになっている。これが文化である。

「安心して生きる」という内容の半面を形づくっている永続性は、現代人が軽視していることなのでとくに強調しておきたい。

たとえば私たちは、食べ物にせよほかの消費財にせよ、「物が増えること」を単純に「より良いこと」と考えているが、永続性という観点から言えばそれは無反省な考えである。

そのことを先に機械の意味を考えるために喩えにあげた、一平方キロの土地に百家族の人々が住む族長支配の社会について考えてみよう。

収穫が多いことを彼らも喜ぶであろう。これでこの冬を安心して乗り越えられる。来年は凶作になっても飢えることはない、と喜こぶ。しかし豊作が何年も続くと、賢明な族長は行く末を心配して、むしろ暗い顔をするようになる。彼は余剰の収穫物を適当な量だけ備蓄し、さらに余る分は焼き捨ててしまうだろう。そうして、人々の不満を抑えて分配量を決して増やさないだろう。

族長が馬鹿な男だったら、彼は余剰分をばらまいて人々の人気を買おうとするだろう。すると彼らはぜいたくな暮らしをするようになる。また人口は放っておけば食糧があるかぎり増えていくものであるが、豊作が続けばこの小さな部族社会の人口も増えていく。すると、今まで余剰の富であった増収分は、必要不可欠な富になってしまう。ぜいたくに慣れた人は、生活のレベルを落とすことに苦痛を感じるので、何としても豊作を維持しようとする。また人口が増えてしまうと、なおさら豊作を続けなければならなくなる。

賢明な族長は、その豊作が一時の幸運であって、永続性がないことを見抜いていた。永続性がないかぎり、一時の繁栄は未来の苦痛とひきかえにのみ得られるのである。

さて、文化を右のように規定すると、現代の工業文明はその表面の華々しさとうらはらに、きわめて程度の低い文化だと言わざるをえない。

安全性という点で工業社会は優れているか？　否である。

長い文化史を通じて人間が求めてきた安全性の一つは、人間同士の、つまり他者の暴力からの安全であり、もう一つは自然の暴威や気まぐれからの安全であろう。

北の工業国は一様に民主主義社会となり、他者の暴力からは前のどの時代よりも安全な社会を実現したと考える人が多いが、それは皮相な観察である。

工業社会は富の収奪によってのみ繁栄する社会であって、民主主義とは収奪した富をなるべく公平に分配する社会制度にすぎない。言いかえれば、経済の範囲が国際的になり、真の被支配者たちが支配国の内部にいなくなった近代社会において、支配国の権力者たちが民衆を懐柔してその体制を維持するために考えだされた諸制度である。

支配者たちのあいだで暴力が否定されても、収奪される人々に対しては、直接・間接に暴力的な抑圧が加えられている。また二度の世界大戦の経験から収奪の競争が支配国同士の直接対決にならないように配慮されているが、収奪を続けなければ繁栄を維持できないので、国際間ではいつでも戦争の危険をはらんでいる、と言わなければならない。（小林道憲氏の『二十世紀とは何であったか』によれば、第二次大戦後、世界各地で起きた米ソの代理戦争の犠牲者だけでも、数千万人にのぼるという）

誤解のないように付け加えるが、私は民主主義の「理念」を批判しているのではない。真の民主主義は、アフリカやアジアや南アメリカの最も貧しい人々も、私たちと同じ権利を認められる民主主義であろう。私たちの民主主義が原理的にそのような普遍性を持ちえないならば、私たちの持つ諸制度は真の民主主義ではないと考えるほかはない。

一方自然の暴威に対する安全性は、自然科学の発達によって飛躍的に高められたと考える人が多い。たしかに旱魃・洪水・伝染病などへの対策に科学技術が幾分かの寄与をしてきたことは認めなければなるまい。しかしその同じ科学技術によって新たに産みだされた危険も無視できない。

たとえば、わが国の内だけで毎年七〇万人以上の死傷者を出し、医者・看護婦・警察官など多くの人々がもっぱらそのために働いている交通事故の危険性、あるいは地球上の生物を死滅に追いやるかもしれない原子力利用の危険性など、言うまでもなく科学技術の発達によって新たに生じたのである。

祖先たちがとりわけ心をくだいたのは、食の安全性つまり「食糧の安定した獲得」と「身心によい安全な食べ物の獲得」とであったが、これについても科学技術の功罪は相半ばしていて、近代の変化を一概に賞讃することはできない。

工業社会になる前は「安定した獲得」の方がとくに難しい課題だった。わが国でも一昨年（一九九三年）のような冷夏で晴天の少ない年には必ず飢饉が起こり、何万人もの人が飢えにさらされた。どの村でも飢饉に備えてサツマイモやヒエなどの救荒作物をつくっていたし、飢饉を克服するためにほかにもいろいろな工夫をした。たとえば昔の土壁は稲藁と粘土を用いるが、稲藁の根元の部分のみを混ぜこんで壁土をつくった。そして飢饉でいよいよ食べものがなくなったら、壁を壊し稲藁を粉にして食べたという話まである。稲藁の根元の部分は少量のデンプンを含んでいるという。

戦後急速に普及した近代農法、とりわけ品種の改良と化学肥料・農薬の使用によって、日本人は米のめざましい増産を実現し、安定して供給できるようになった。わが国では昭和三六年に米の収穫量が一二〇〇万トンに達し、歴史上はじめて米の自給を達成した。弥生時代に稲作が始まってからそれまでは、いつの時代にも総体として米は不足し、米を食べられない人々がいたのである。（もっともこの米自給達成という事柄を過大に評価すべきではない。農法の急激な変化によってもたらされた「急な」増収が、人口増加のスピードを超えた結果、一時的に達成した自給にすぎないからである。近代農法による増収はすぐに止まってしまい、地力の劣化から下降線を描くようになる。また下降しないとしても、人口増加が追いついてしまうとふたたび飢える人々が出てくることになる。南の国々の「緑の革命」が実現した食糧の自給も、その意味で一時的なものにすぎない。またわが国では、加工貿易立国をめざす政府によって同じ頃から農業切り捨て政策が始まり、せっかく自給を達成したのも束の間、昭和四五年には減反が義務づけられるようになった）

一時的であれ科学技術は食糧の安定供給という民族の悲願を実現した、と言ってもよい。しかしそのかわりに、食べ物がどう見ても身心によいとは言えない危険なものになってしまった。穀物にも野菜や果物にも猛毒をぶっかけて食べる。経済効率を追求するあまり、劣悪な環境で家畜を飼い、抗生物質などの薬づけにする。安価なニセモノ原料を用いて加工食品をつくるために、さまざまな人工添加物を用いる。今では安心して食べられるものは一つもないほどに、マーケットの棚に並んでいる食べ物は危険がいっぱいである。

犬猫は食べ尽し、実の母や妹の肉を食べる者さえあらわれたという天明の大飢饉（天明三年から七年）のときには、東北を中心に十数万人が餓死し、約百万人の人口減少が起きた。しかし今日癌による死者は年ごとに増え、年間二十万人以上の人々が癌で死ぬ。そのすべてが化学物質のせいではないにしても、危険になった食べものが癌増加の主要な原因であることは確かであろう。

昔の人は飢饉のときに、食べ物がないから仕方なく、危険を承知で食べ物でないものまで食べた。山に入ってドングリを集め、クズやワラビやスミラの根を掘り、それらはみなアクが強いので搗きくだき水にさらして食べた。ヒガンバナの球根は数滴の絞り汁で死ぬという猛毒であるが、それすらよくよく水にさらして食べたという。

現代人も食べものがないから、仕方なく危険なニセ食品を食べている。その意味では現代も飢饉の時代であると言ってもよいであろう。現代人は飽食を得たかわりに、祖先たちが何千年もかけて確立してきた「身心によい安全な食べ物」というもう一つの文化を捨てる愚行をやったのである。

だいたい増産によって飢えを回避するというのは、正しい方法ではない。喩え話で示したように、増産が安定供給につながるのはほんの一時だけであり、長い目でみれば増産はぜいたくと人口の増加をもたらすだけで、結局困難を大きくするのである。

いつの時代にも社会のもっとも弱い人々は飢えにさらされる。工業社会に飢えがないのは、社会の範囲が地球規模になり底辺層が工業国の内部にはいなくなった結果にすぎない。「誰も飢える者がいない社会」という悲願を実現する方法は、凶作時にも食糧を独り占めする者がいない公平な社会を創ることしかないのである。

飢饉の歴史を調べてみると、天候不順が引き金になるのは言うまでもないが、なかば人災であることが多い。すなわち為政者が日頃の備蓄を怠り、凶作に際しても租税の減免を行なわず、ときには米価をつりあげようとして買い占めが行なわれたりする。そのために貧しい人々はますます入手しずらくなって飢えるのである。

天明の大飢饉のとき、山形の米沢藩では平年の半作になるほどの大凶作でありながら、「遠山窮谷の民に至るまで、一人も餓死離散する者はなかりしなり」(『鷹山公世紀』)といわれている。これは名君・上杉鷹山の公平な施策によるところが大きい。

鷹山は藩の備蓄米一万四〇〇〇俵を放出する一方、冨農には救郷米、町家の金持ちには救郷銭を出させて、窮民に配給した。さらには藩として多額の借金をして、新潟などから米を買い集めて補った。その救荒米の総額は五万俵以上にのぼり、しかも二十年以上の長期返済で貸し与えたという。

また鷹山は常日頃から家臣や領民に倹約をすすめ、自らも食事は一汁一菜、服はすべて木綿地にして、藩主の家計費を先代の七分の一にしていたが、飢饉に際しては米からぜいたく品である酒や菓子をつくることを禁じ、粥を食べて食いのばすことを命じた。

このような倹約と上下を問わぬ公平な分配という二つの施策によって、米沢藩は未曽有の大飢饉を乗り越えたのであった。

『鷹山公世紀』の記述には誇張があると指摘する歴史家もいる。たしかに封建時代の武士団はもともと搾取階級であって、上からする仁政には限界がある。しかし、実際には数百人の餓死者が出たらしいとしても、他の東北の諸藩に比べて米沢藩の領民の被害は奇跡的と思われるほど少なかった。上杉鷹山の事蹟は、天災があっても人が安心して生きるために何が必要かを教えていると言えよう。

次に永続性という点で工業社会は優れているか？　どう見ても否である。

親が実践した生き方を子どもも真似すれば安心して生きられる社会、これが文化の発展した社会である。アフリカの先住民たちが何百年何千年と「同じ暮らし」をしているのを見て、ヨーロッパ人たちは進歩発展のない原始社会などと嘲笑ったが、とんでもない顚倒《てんとう》した話だ。基本的には変わらない生活をしながら、各世代が注意深く少しずつ改良を加えていく。これが社会のあるべき姿である。

ところが現代では、農家も商家も親が行なったことを子どもがそのまま真似たのでは生きていけない。

たとえば昭和三十年代の米作農家なら一町歩の営農で生活できたが、私が百姓暮らしを始めた十余年前には四町歩必要と言われるようになり、今ではそれでも足りない。酪農家も三十年代は乳牛五、六頭だったのに対して、十余年前には三十頭規模になり、今では専業なら五十頭は必要になっている。さらにひどいのは養鶏で、餌を自給する養鶏なら二百羽が限度で、そのために約二町歩の畑が必要だった。それが千単位万単位となり、今では数十万単位の企業養鶏でなければ成り立ちにくいのである。

この変化を進歩というのであろうか。

「工業に比べて農業の生産性はひどく劣っている。農業を近代化し、その効率をよくして、いくらかでも工業の生産性に近づかなければならない」というのが、工業界とその御用学者たちの意見であるが、それがいかに欺瞞的なものであるかは、第二章までに述べたことからも明らかであろう。工業国の農業の変化は、むしろ次のように理解されるべきである。

植民地の時代から北の工業国が南の国々に押しつけてきた工と農の不公平な関係は、当然工業国内の農家をも圧迫した。外国から安い農産物が入ってきて、それとの競争を強いられたからである。

もし工業国の側が工と農の本質的な違いを認めて、農産物を正当に評価していたら、つまり南の国々から輸入する農産物が数倍ないし数十倍の値段であったら、国内の農家への圧迫もなかったであろう。しかしその場合には今日のような工業社会の発展も、工業国の繁栄もなかったであろう。実際には工業国は国際分業論の詭弁を弄し、工と農の不公平を隠すためにさまざまな政策をとってきた。

それは二つに大別できる。一つは国内農産物の価格を抑える代わりに、農家には補助金を与えて暮らしを支え、不満をそらすことであった。米の場合のように政府の買い上げ価格が消費者への売却価格よりも高い、いわゆる「逆ザヤ」の買い支えなどはその典型である。

しかしながらそうした直接的な「ほどこし」だけでは、政府の負担も大きすぎるし非農家の不満も募ってくる。そこで、一方で農薬や機械やハウスなどを普及させて、大規模化と周年栽培化を計った。

耕地面積も限られているし、胃袋の需要を無制限に増やすこともできない。それを考慮すると、これらの政策は結局農家潰しの政策であった。つまり今まで五人でやっていた仕事を一人でやる環境を整えることにより、多くの農家を離農させ、残った農家一戸当たりの収入を上げるという「見かけの生産性向上」を目ざしたのである。

アメリカやフランスではこれに成功して、見かけだけは高い生産性を持つようになった。そのおかげで工業国による農業国からの収奪という本質は隠弊され、南の国々の農民が貧しいのも、農法が近代化されていないせいにされてしまった。

しかし、わが国では地形的な条件や耕地に対する「先祖伝来のあずかりもの」という観念から、大規模化は思うように進まなかった、施設園芸や飼料を安い外国産に依存する畜産は、一応「見かけの生産性向上」に成功したが、土地利用型の農業（たとえば水田稲作）は、どんどん行きづまっていったのである。

要するに、戦後の農業の変化はけっして「進歩」などではない。南の国々の富を収奪して繁栄する工業とつじつまを合わせるために、強いられた変化であり、国民が自立した貧しさよりも支配者の豊かさを選んだために強いられた偽装である。

親がやったことを子どもが真似するのでは生きていけないのは、工業界でも同じで、たとえば織物メーカーが食品加工に手を広げたり、家電メーカーが子どもの遊び道具を造ったりしている。多角経営といえば聞こえがよいが、実際は新たな領域を開拓しつづけなければ、競争に負けて没落する運命なのだ。しかしこれは農業の場合とは違って、機械制工業の本質であると言うべきである。

農業の生産は太陽と胃袋に限られている。いくら需要があっても供給は「太陽の恵みのあるかぎり」であるし、いくら大量に穫れたとしても需要は「人々の胃袋がいっぱいになるまで」である。

一方工業の生産はそのような限界を持たない。原料となる資源は本当は有限であるが、今までのところは無限とみなされてきた。つまり需要がありさえすれば、機械は一日三交代でも動かされるし、それでも足りなければ新たな工場が増設される。

需要の方も原理的に無限である。言うまでもなく、はじめは工業製品も生活必需品であった。つまり伝統的には手づくりされていたものを機械で大量生産した。しかしいくら安くても歯ブラシは一本で足りるので、いきわたることによって売れなくなる。需要がなくならないように摩滅しやすい歯ブラシを作っても、そんな対策では限界がある。そこで工業は欲望を開拓して必需品以外のものを買わせるようにした。

人間の無限の欲望の開拓――これによって工業の需要は無限になった。またこのときから無制限の競争が始まった。本来は不必要なものを買わせるのであるから、あの手この手で欲望を煽り、場合によっては脅しつけても買わせなければならない。また不必要なものならすぐに飽きられるので、次から次へと新たな欲望を開拓しなければならない。その結果、今では子どもの遊びまでが金儲けのために仕組まれたものとなり、子どもたちは伸びやかな生活を失って、テレビ・ゲームの虜になっているのである。

このような変化を「進歩」というべきだろうか。民族が自立して生きる力を失い、搾取収奪して生きる支配者の暮らしを続けるために、仕方なく次から次へと変化していく「根無し草の暮らし」と言うべきではないのか。

進歩の思想に毒されている現代人には、なかなか理解しづらいのであるが、優れた文化とは、「変わらなくても生きていける生活」である。変わらなければ生きていけなくなる社会は、遅かれ早かれ滅びる運命にあると言ってもよいのである。そのような意味で人口の爆発的増加もゆゆしい問題であるが、何よりも成長を必要とする経済の仕組みを改めないかぎり、私たちの未来は暗い。進歩・発展・開発といった景気のよい言葉の裏にひそむ悪魔の顔を、誰もがしっかりと見究めることが大切であろう。

⑵資源の枯渇について

ところで、工業文明は次の二つの問題によっても、原理的に永続性がないことが明らかである。つまり一つは資源の枯渇であり、もう一つは環境破壊である。これらについてはすでに多くの人が指摘しているが、ここで要点をまとめておくことにしよう。

「経済成長」というのは耳に快い言葉である。金持ちになり物持ちになるのを嫌がる人はほとんどいない。しかし、経済成長を追い求めていく今日の暮らしは、子どもや孫の代に伝えられるのだろうか。そんな不安にはっきりした形を与えてくれたのは、一九七二年に世に出たローマクラブの『成長の限界』と、その三年後に出たH・グルールの『収奪された地球』であった。前者はとくに人口爆発による食糧危機に注意をうながし、後者は地下資源の枯渇を説いた。——工業文明は地球が無限だと錯覚している。地球が何億年もかけて蓄えてきた地下資源を、私たちは湯水のように使い、わずか百年ほどのあいだに枯渇させようとしている。人類が末永く生きつづけるためには、文明の転回を計らなければならない。

その頃わが国では「石油はあと三〇年しかもたない」という学者が多かった。私自身も、注目していたT氏の著書でそのような予測に出会って、石油三〇年説を信じていた。それが私が百姓暮らしを決意した理由の一つでもあったが、この予測は見事に外れた。石油の可採年数はいつまでたっても「あと三〇年」で、近頃は逆に増える傾向にあって一九八九年には四六年となっている。

可採年数というのは、確認可採埋蔵量を年間の生産量で割った数字である。この確認可採埋蔵量というのがくせもので、これは現在の石油価格で経済的に採算がとれる油田の埋蔵量という意味なのである。したがって、経済情勢の変化で石油価格が上がれば、今までは採算がとれずに「可採埋蔵量」に含まれなかったものが合算される。採掘技術の革新によっても同様のことが起こるし、また新たに発見される油田もないことはない。それで「あと三〇年」がいつまでも変わらないことにもなるのである。一九七〇年代には原子力発電の推進派が、意図的に「石油はもうすぐ無くなる」という流言を弘めたとも言われている。もちろん石油に代わる代替エネルギーとして、原子力が必要なことを宣伝するためである。

このように可採年数というのはかなり不正確な数字であって、私たちのような素人はその情報にふりまわされない方がよい。

近頃では石油の「究極埋蔵量」という言葉もあって、それは約二兆バレル（一バレルは昔欧米で油などを運んだ樽の容量からできた単位で、一五九リットル）と言われている。近年の年間生産量は少な目に見て約二〇〇億バレルであるから、単純に割れば約百年分ということになる。

実際にはそれより前に枯渇するであろう。現在国民一人当たりのエネルギー消費量を比較すると、日本人は中国人の約五倍、インド人の約十三倍のエネルギーを使っているという。つまり石油などの地下資源についても北の工業国が独占することによって、現在の体制が維持されているのであって、かりに合わせて二〇億人もいる中国人とインド人が日本人並みの生活をするようになるとしたら、石油も数十年で枯渇することになる。もちろんそのような公平は北の工業国が許さないであろうが、貧しい中国とインドが今後高度成長を続けることは明らかであり、石油の「究極」可採年数が縮まるのは避けられそうにない。ところで、埋蔵量や可採年数は枯渇の時期を大まかに知っておくための目安にすぎない。この問題で重要なのは「いつまで持つか」という議論ではなく、地下資源はいつか必ず無くなるという事実を直視することであろう。

地下資源が新たに生み出されないものであるかぎりは、そして地球が丸い限られた空間であるかぎりは、地下資源は必ず枯渇する。宇宙開発がはなばなしく報道されているが、冷静に見てみれば、地球のすぐそばにはりついて回っているだけで、ほかの星に住むとか、ほかの星から資源を持ってくるなどということは、夢のまた夢である。もしエネルギーが無限であり、環境としての地球も無限であれば、数百年後にはその夢がかなうかもしれないが、実際には、宇宙開発よりも先にこのようなエネルギー大量消費型の文明そのものが行きづまるであろう。ロケットや人工衛星開発のもっとも大きな意味は、軍事力の増強であり、それに「宇宙」という名前をつけるのは国民の目を欺くためである。直接には莫大な税金を注ぎこんでいることの言い訳に、深層を言えば行きづまることが明らかな工業社会の未来に幻想を持たせるために、権力者たちは宇宙開発の夢をばらまくのである。

直視を妨げるもう一つの幻想は、代替エネルギーという考えである。とくに太陽エネルギーは無尽蔵でクリーンなものであるから、石油を太陽エネルギーで代替する技術が開発されれば、工業社会の発展も無限であるかのように言う。しかしこれも冷静に見てみれば、実現する見込みのない夢であることが分かる。この問題については槌田敦氏が説得力のある議論を展開しているので、彼の一連の著作(『石油と原子力に未来はあるか』『原発安楽死のすすめ』など)を読んでいただくのがよいが、その論旨を簡単に紹介しておこう。

日本のエネルギー消費量を太陽エネルギーでまかなおうとすると、日本のすべての平地に降りそそぐ太陽エネルギーの四パーセントを利用しなければならない。

第一の困難は変換効率四パーセントの太陽電池が技術的に可能かということである。晴れの日の昼間十時から三時頃までなら変換効率二〇パーセントに達しているが、一日全体でみると四パーセントに低下する。曇りの日や雨の日はもっと低いし、鏡面にほこりがついたりしてさらに低くなる。年間平均すると一パーセント以下になってしまうという。したがって平均四パーセントの変換を実現するためには、晴れの日の日中なら八〇パーセントもの変換ができるような技術を確立しなければならないという。

第二に、技術的にそれを達成したとしても、日本の平地全部にパネルを並べることなどはできない。したがって巨大な筏《いかだ》を造って海に並べることになろうが、その建設に使うエネルギーが厖大で、石油をそのまま電力にした方が効率的であるという。

第三に、一ワットの発電能力を持つ太陽電池をつくるのに、一〇グラムのシリコンが必要であるが、それをつくるのに二キロワットの電力が必要である。したがって、その電力を一ワットの発電能力を持つ太陽電池で返済するとしたら二〇〇〇時間かかることになる。これだけで元をとるのに十年ぐらいかかる。他にもさまざまな設備が要るので、それらをつくるためのエネルギーを考慮すると、太陽電池は元をとるのに二十年から三十年はかかるという。電池の耐用年数を考えれば、太陽電池は「電力を産む」とは言えない技術だと槌田氏は言っている。

「石油を直接燃やして電力にする方法を石油火力発電というが、原子力・太陽光・水力・石炭はいずれをとっても、石油を燃やして発電する間接石油火力発電であって、石油を消費して得られる二次エネルギーなのである。……（中略）……

もしも石油が枯渇すれば、原子力はもちろん核融合も太陽光も発電できないことがわかる。石油がなければ、半導体がつくれないのだから、太陽光発電を再生可能な資源というのはまちがいである」（『原発安楽死のすすめ』）

「石油エネルギーから太陽エネルギーへ」というスローガンも、過渡期の技術として原子力の利用を正当化するために声高に言われているようである。それは結局、工業社会のなかで富を収奪して繁栄してきた権力者や、特権を与えられてきた科学者たちが、行きづまりが明らかな未来から人々の目をそらすために弘めている幻想にすぎない。

人類も他の生物も、未来永劫この丸い小さな地球に貼りついて生きていかなければならない。石油などの地下資源は、何億年も前に蓄積された太陽エネルギーの塊である。それを利用することによって成立した工業文明は、その枯渇とともに滅びる宿命にあるのである。

しかしながら、この事実は何ら悲観すべきことではない。すでに見てきたように工業社会の繁栄は異常なもの、恥ずべきものであって、私たちは農業中心の社会に立ち戻ればよいのである。工業化以前の農業社会は数千年の歴史を持ち、私たちの祖先が身を持って永続性のある優れた暮らし方であることを示してくれている。

地下資源そのものは私たちの暮らしをけっして豊かにしない。地下資源が機械を産み、機械が収奪の道具として働くとき、私たちははじめて豊かになるのである。またこの繁栄が永続性のないものであるかぎりは、未来の苦痛と引き換えにのみ得られるのである。

(3) 環境破壊について

井戸水の汚染から地球温暖化に至るまで、環境問題にはいろいろあるが、簡単に言えばあらゆる環境問題はゴミの問題であると言える。工業社会の異常な繁栄が産んだ異常なゴミが、地球を汚し生物の生存を危くしているのである。

このゴミは質と量の二つの意味で異常なものである。

第一に科学者が創りだした、通常の自然界には存在しない「異常な物質」が、ゴミとして環境にばらまかれる場合がある。ダイオキシンによる井戸水の汚染、DDTなど農薬による土と水の汚染、PCBの問題、核廃棄物の問題、フロンガスによるオゾン層破壊の問題などがこれにあたる。地下深くにしか存在しなかった重金属（水銀やカドミウムなど）を地表にばらまくことによって起こる公害もこのなかに含められよう。

また第二に、工業社会の豊かな生活が吐きだす「異常に多いゴミ」が、環境に堆積する場合がある。家畜の糞尿による耕地の破壊、生活排水や工場排水による川や海の汚染、自動車の排気ガスによる大気汚染、酸性雨の問題、地球温暖化の問題など、こちらの問題もいろいろある。（熱帯雨林の消失、土地の砂漠化などはこの分類から外れるが、私はそれらの問題はむしろ資源の枯渇の問題として考えたい）

さて、第一の類の環境破壊からその原因を考えてみよう。これらの問題の主因は、科学者の傲慢とそれを許している私たちの科学に対する盲目的な信頼である。私たちは深く考えることなしに、科学的な知識や技術はみな厳密で、少なくとも以前のものよりもすばらしいと思いこんでいる。いわば「科学信仰」とでもいうべき無批判的な信頼が、現代人の心の深層にある。これがあるかぎり、この種の問題はこれからも次々に起こるであろう。

一例としてフロンガスの問題を考えてみよう。フロンガスは一九三〇年にトーマス・ミジリー・ジュニアという科学者が発明した、塩素とフッ素と炭素の化合物である。安定した物質で分解しにくい。燃えない。電気を通さない。無毒。低温で気化する。製造コストが安い。そうした便利な物質だったので、さまざまな用途に急速に使用されるようになった。エアコンの冷却剤、化粧品や殺虫剤などのスプレー製品、食品用トレイや壁の内側に入れる発泡断熱剤、そしてエレクトロニクス産業で用いる洗浄剤などである。その結果、一九八七年には世界の年生産量は約一〇〇万トンに達し、これまでに合計して一五〇〇万トンから二〇〇〇万トンは生産されたという。

このフロンが成層圏のオゾンを破壊しているらしいと言われだしたのは、一九七四年になってから、使用が始まって四〇年以上経ってからである。地上では安定しているフロンが、六年から八年かかってゆっくり上昇して成層圏に達する。成層圏ではフロンの塩素分子が不安定になって、オゾンをつくっている酸素分子と結合する。しかも一個の塩素分子が次々と連鎖的に反応して、一〇万個のオゾン分子を破壊するという。

それが分かっても工業界はすぐに使用を止めなかったが、一九八二年に南極でオゾンホールが発見されて大騒ぎになった。そしてフロンに代わる代替物探しが行なわれ、一九九五年にようやく全面禁止になるのである。

全面禁止になってもオゾン層の破壊がすぐにストップするのではない。フロン分子が成層圏まで上昇するのにかかる年月はさまざまで、百年かかってようやく到達する分子もあるという。これまでに使われたフロンのうち、約一割の影響しかまだ出ていないとも言われており、オゾン層破壊が今後ますますすすむことは明らかのようである。

この問題について、フロンの発明者を責めても仕方がないのは言うまでもない。名誉が悪名に変わってしまったが、彼はたまたま「運が悪かった」だけである。しかし、この運の問題にせざるをえないところに、科学技術の原理的な欠陥が露になっているとも言える。

科学者が一つの知識や技術を世の中に出す場合、もちろん入念な実験を行なって、その安全性を確認してから世の中に出すであろう。この「実験による検証」が、科学的な知識を伝統的な知識と区別する一つの基準である。そして一般的には、伝統的な知識はこの実験による検証を経ていないので、あいまいないいかげんなものと考えられているが、これが実は顚倒《てんとう》した判断なのである。

たとえばフグやキノコの毒についての知識と、農薬の毒についての知識を比べてみよう。先に見たようにフグの毒についての知識を私たちが持ったのは、それを食べて死んだり苦しんだりした多くの人々の体験があったおかげである。科学者が意識的に仮説をたて実験をすれば、もっと被害が少なく、もっと短期間に安全なフグの安全な食べ方についての知識を持てたかもしれない。しかし、よく考えてみると伝統的な知識や技術が多くの試行錯誤を経て、長い年月をかけてできあがってきたということは、信頼性においては欠点ではなくて長所なのである。見方をかえれば、それは多くの先人たちの人体実験を経た、きわめて入念に検証された知識であるとも言えよう。

これに比べたら農薬の毒についての知識はいかにも心もとない。科学者が一つの農薬を世の中に出すとき、次のような実験が義務づけられている。まず急性毒性を評価するために実験動物の半数致死量を調べる。これはラットをふくむ二種以上のホ乳動物を用いて、オスとメス各五匹以上に、強制的に口から農薬を投与する。そして十四日間観察して、死亡数と投与量の関係を調べるのである。

農薬の急性毒性は、半数致死量によって「特定毒物、毒物、劇物、普通物」の四段階に分けられ、近頃の農薬はほとんどが普通物と劇物で「低毒性」と言われるのであるが、低毒性というのは比較の問題にすぎない。半数致死量が体重一キロにつき三〇〇ミリグラム以上の普通物が、普通の物質ではなく、きわめて危険な毒物であることは言うまでもない。

ところで、農薬の急性毒性はとくにそれを撒布する農民にとって問題になるもので、一般の消費者にとって問題なのは慢性毒性の方であろう。これについての実験はいっそういいかげんなものと言わなければならない。

慢性毒性を調べる実験は、ラットやマウスのオスとメス各五〇匹を使って、二年間投与しても影響を与えない量を調べる。この最大無作用量は、一生涯与えても影響を与えない量と見なされ、念のためにそれをさらに十分の一にし、一日摂取許容量を決める。さらに各作物の平均的な消費量や作りやすさなどを考慮して、いわゆる残留基準が決められるのである。

なぜ二年間の追跡調査しかしないのであろうか。それは実験動物であるネズミの寿命がもともと二年間ぐらいで、それ以上調べられないのである。一方作物に残留している農薬はごく少量である（だから残留基準を超えるものはほとんど出ない）が、私たちはそれを何十年も食べ続けるのである。そうした場合の影響についてはまったく解っていないと言った方が正しい。さらに、ネズミで安全だったものは人間にも安全なのだろうか。毒の影響は単純に体重に比例すると考えてよいのだろうか。農薬には染色体を傷つけるいわゆる変異原性のあるものが多いが、農薬を使った作物を民族全体が食べ続けたとき、子孫への遺伝的影響はどうか。

このような問題について科学者は何一つ解っていない。人間を実験台に使うことはできないし、何十年何百年という長期間の影響を実験によって追跡調査することもできないからである。

フロンガスが引き起こした問題についても同じことが言えるだろう。科学者は彼が思いつく範囲内で入念に実験をしたはずだが、まさか成層圏にまで行って環境を破壊することになろうとは、予想もできなかったというわけだ。

このように科学者がどんなに優れた良心的な人でも、一人ないし数人で行なう実験には限りがある。想像力にも時間にも費用にも限りがある。伝統的な知識や技術が、たとえ無自覚的にであれ、非常に長いあいだの入念な人体実験を経ているのに比べたら、科学者はよく分かっていないものを暴力的に世の中に出していると言ってよい。しかも、今日の社会体制では、科学技術はほとんどの人間を巻きこんで大きな影響を与えずにはおかないのである。

一つの科学技術の危険性が明らかになったら、科学者は必ず新しい技術を考えだして克服するだろう。しばらくしてその新技術の矛盾が明らかになると、さらに新しい技術が生まれるだろう。科学は発展しつつあるものであって、この「イタチゴッコ」は仕方がないことだと言う人もあるが、はたしてそうだろうか。このイタチゴッコの過程で、私たちの肉体も地球環境も確実に滅んでいくのではないか。

私は科学を全面的に否定するつもりはない。意識的に仮説をたて、実験的に検証するという科学の方法が、優れたものであることに変わりはないが、過信していると言いたいのである。この第一の類の環境問題をなくするには、私たちが盲目的な科学信仰を捨て、科学に今よりもずっと控え目な場所を与えることが必要であろう。

第二の類の環境問題は解決がさらに困難である。というのは、これらは私たちの大量消費の生活が原因であり、私たちが生活のスタイルを改めないかぎり解決できないが、人間の歴史をふりかえってみると、一民族が欲望を自制して生活をシンプルにした時代などはただの一度もない。

しかも第二の類の環境問題は、第一の類とは違って破壊は急激にはすすまない。通常のゴミの場合は自然界が持つ自浄能力によって、ゴミが増えていっても自然はゆっくりとしか変化しない。たとえば私が子どもの頃には、田んぼのそばを流れる小川にはたくさんの小ブナがおり、メダカがおり、ドジョウがいた。川や湖の水は底が見えるほどきれいで、私たちはそこで泳いだり潜って貝をとったりしたものだ。田舎の話ではない。県庁所在地である水戸市での話である。そうした自然が一気に今の状態になったとしたら、私たちはみな慌てるだろう。しかし、注意深く見ていないと気づかないほど少しずつ変化してくるので、私たちはたやすく変化に順応する。また昔の状態を知らない若い世代は、破壊された自然をあたりまえのものと感じるだけで、危機感を持つはずがない。

言うまでもなく自然界には質量不滅の法則というものがあり、物を燃やしても水に流しても土に埋めても、無くなってしまうことはない。燃やせば気体になり、川に流せば拡散するだけである。埋めれば微生物によって分解される。分解されない物質は土中に残留したり地下水にしみこむ。こんなことは誰でも理解できることだが、私たちの感じ方は、燃やしたり水に流したり埋めたりして、目に見えなくなれば「無くなった」と感じる。ここにもこの問題を解決しにくくしている理由があるだろう。

第二の類の環境問題のなかでは、近頃は地球温暖化の問題に関心が集まっているが、ここでは「糞尿や残飯による国土の破壊」という、あまり知られていない問題を考えてみよう。

チッソ・リン酸・カリを肥料の三要素という。チッソは作物をつくりひいては私たちの体をつくるために、なくてはならないものであるが、土中にあまり多すぎると害になる。畑にチッソ分が多いとアブラムシの発生や病害の原因になるだけでなく、とりわけ硝酸態のチッソは私たちの体内で亜硝酸に変わり、発ガン物質にもなるらしい。また地下水にしみこんで川や湖に流れこみ、水の汚染（富栄養化）の原因にもなる。

言うまでもなくチッソは空気中にたくさんあり、それを根瘤バクテリアなどの微生物が固定する。そして植物体になったり動物体になったりして、やがてはやはり微生物の脱窒作用によって大気中に戻される。このチッソの循環はきわめてゆっくりしたもので、約一二〇〇年もかかるという。チッソにはもう一つの短かいサイクルでの循環がある。つまり動植物の屍骸や糞尿が土中の微生物によって分解され、無機化したチッソを植物の根が吸収してふたたび植物体をつくり、それを食べた動物体をつくるという循環で、こちらのサイクルは大木をのぞけば一年から数十年である。

このことは、国土にチッソ分を外から持ってくると、そのチッソ分は長いあいだ空気中に放出されることなく、短かい方のサイクルのなかで循環するということを意味する。

さて、わが国は現在厖大な食料や飼料を諸外国から輸入している。これはチッソの動態という観点から言えば、国土にチッソ分を集めて蓄積していることになる。

食料や飼料の成分のほとんどは、糞尿や生ゴミになって捨てられる。それらは発酵させれば有機肥料になるが、化学肥料中心の農業をやっている日本ではほとんど使われない。その結果、国土がいわば「肥えだめ」のようになっている。現在では約五二〇万ヘクタールある日本の耕地のすべてに、化学肥料をまったく使わずに還元するとしても、なお使いきれないチッソ分を輸入しているという。(『土の健康と物質循環』のなかでこの問題を最初に指摘した三輪睿太郎氏は、次のように推計している。廃棄されるチッソ分は畜産から七三万トン、食品加工業者から七万トン、一般家庭から六五万トンの計約一四五万トン。一方全耕地に還元できるチッソ分は約一一〇万トンである。これは昭和五七年のデータでかなり古いが、輸入食料や飼料はその後ますます増えているから事態はもっと悪くなっている。また輸入木材のチッソ分も考慮に入れるとさらに深刻な数字となろう)

ところで、言うまでもなく食糧を輸出する国の方は、チッソ分をどんどん国外に持ちだすのであるから、国土がやせていくという形の逆の環境破壊が起こる。超大国アメリカはたくさんの化学肥料を使用しているので、穀物輸出によって施肥量の約半分のチッソを持ちだしているにすぎないようだが、タイでは施肥量の数倍(トウモロコシの場合約三倍)を輸出している計算になるという。

この問題は環境問題の本質を露にしている好い教材であると私は思う。つまり、工業国の人々が富を収奪してぜいたくな暮らしをすれば、結局奪う方も奪われる方も環境破壊を引き起こして破滅に至るということである。糞尿や生ゴミを肥料化して食料輸出国へ戻すといった対策も考えられるが、それが正しいものでないことは明白であろう。私たちが自分の国土で自前の力で食糧をつくらなければ、真の解決はない。自立性のない社会は、また必ず永続性もないのである。

第四章●本当の豊かな暮らし

第一章で私は、エネルギー収支がプラスになる生産行為、つまり収穫物として獲得するエネルギーが、そのために投入するエネルギーよりも大きいとき、その生産行為だけが真に「生産」の名に値すると述べた。この定義によれば、農業などのいわゆる第一次産業だけが生産していることになり、しかもそれは伝統的な方法でなければならない。

しかし、これはまだ人間本位の見方であって、人間を自然の一部と考え、自然の営み全体を客観的に見渡す視座から言えば、機械が何一つ生産しないように、「人間もまた何一つ生産しない」と言った方が正しい。

この地上のあらゆるものは、太古の昔から絶え間なく降りそそいでいる太陽エネルギーが姿形を変えたものであり、私たち人間は太陽が生産したものを、頂戴するだけである。あるいは太陽が生産したものを、自分の都合のよいように姿形を変えて使うだけである。種の一粒でさえも、無から創りだすことはできない。

昔の百姓なら誰でもこれを知っていて、たとえば「お天道さまに生かされている」という言葉で表現した。科学技術によって一見いろいろなことができるようになって、思いあがった現代人だけが忘れてしまったのだ。

ところで、この太陽の行なう生産は本来は平等で公平なものである。暖かい地方では太陽のエネルギーは寒い地方よりもたくさん降りそそぐ。するとそのエネルギーで生きられるだけの草や木が生えてくる。またそれらの植物を餌にして生きられるだけの虫や動物が生まれる。寒い地方では単位面積あたりでは暖かい地方より少ないエネルギーしか降りそそがない。しかしその分植物や動物の種類も数も少ない。したがって本来の自然のなかでは、どんな生きものも一個一個にとっては平等公平に太陽の恵みを受けている。どんな生きものにとっても充分な食べものがある。同語反復的な表現になるが、生きられる以上にたくさんの生きものは生きないからである。

何も驚くにはあたらない。この地上のあらゆるものは、私たち自身も含めて、太陽のエネルギーが姿形を変えたものであることに想いを致せば、あたりまえのことである。降りそそぐエネルギーはその多少に応じて植物や動物に姿を変えるのである。それを生きものの側から見たとき、「太陽の恵みは平等で公平である」と言うのである。

そうした存在である私たちは、太陽の恵みを自分の身に集め独占することによってのみ、豊かになることができる。

農業も太陽の恵みを集めて独占する技術である。たとえば私たちは除草や除虫をして作物を育てる。これは作物以外の草や虫への太陽の恵みを奪い、作物に集めて、人間が独占する行為である。また落ち葉や糞尿を堆肥にして畑に入れる。これはほかの場所に降りそそいだ太陽の恵みを、自分の畑に集めて作物に変え、独占しようとする行為にほかならない。

私たちは無から有を産みだすことができないのであるから、この平等公平はある意味では非常に厳しいことである。つまり誰かが太陽の恵みを集めて豊かになれば、必ず誰かが奪われて苦しむという原則があることになる。

除草や除虫をすれば人間が食べる作物はよくできるが、草や虫は死ななければならない。山から落葉をさらって畑に入れれば、畑は肥沃になるが、山の方は養分を奪われてやせていく。

したがって、かりに豊かさを「消費するエネルギーが多いこと（消費財が多いこと）」とするならば、豊かになろうと欲すること自体がすでに誤りであるとも言える。私たちは他者の取り分を奪わないでは豊かになれないのだから。

私はあまりにセンチメンタルな物言いをしているようだ。農業が行なう太陽の恵みの集約・独占は、人間の宿命と言うべきかもしれない。言語を持ったおかげで、人間だけが未来を予想して生きる。「飢えて死にたくない。食べ物を蓄えて厳しい冬も安心して生きたい」と願うのは、人間の宿命的な心であろう。命を食わなければ生きられないのは、命あるものの定めであり、私たちはその悲しみを引きずって生きていくほかはなかろう。

しかしながら、莫大な富の収奪によって成立し、それ自身が非常に激しく太陽の恵みを独占する技術である機械制工業も、宿命として受け入れなければならないのであろうか。工業社会が長いあいだに蓄積された太陽の恵みを独占し、また現に南の国々に降りそそぐ太陽の恵みを収奪することによって、豊かになっていることを私たちは見てきた。それは奪われる人々、つまり未来の人々や南の国々の人々の大きな苦しみと引き換えにのみ得られる豊かさであることを明らかにした。動植物の受けている被害については言及しなかったが、森林の破壊・農薬の使用・効率優先の非情畜産などによって、動植物もまた以前のどの時代よりも大きな苦しみを与えられていると言えよう。このような社会まで宿命と言うのなら、この地上に地獄を現出することが人間の宿命であったのだろう。

他者を苦しめないですむ生き方をしたい――そんな想いのなかで、いわば貧しさを求めて飛び込んだ百姓暮らしであったが、五年経ち十年経つうちに、私たち夫婦の感じ方は大きく変わっていった。序文に述べたように、貧しいはずの百姓暮らしが、豊かなものと感じられるようになったのである。言いかえれば、消費財を増やすという意味ではない、もう一つの豊かさがあることを発見したのである。

(1)自然のリズムに合った健康な暮らし

本当の豊かさの第一は「健康な暮らし」ということである。

日本人は平均寿命が世界一になったと誇っているが、日本人の暮らしが健康なものかどうかはきわめて疑わしい。前にも述べたように工業社会になって体力・気力がどんどん劣えただけでなく、高齢者の多くは病院に通い、薬づけで生きていると言ってもよいくらいだ。また老人たちは工業化以前に体をつくった世代で、いわばその貯金で長生きしているが、若者たちの食生活や体力を見ると、今後は平均寿命の低下も避けられないのではなかろうか。

だいたい健康というのは単に病気がないことではない。マハトマ・ガンジーは私たちが一般に持っている健康な体のイメージに加えて、「手足の動きも自由で、ふとりすぎもせず、やせすぎもせず、精神と感覚の抑制ができること」と規定している。そして、「本当の健康人は死を恐れない。死に対して恐怖心を抱いているのは、健康からほど遠い証拠である」と言っている（『ガンジーの健康論』）。

病院や薬局がどんどん増え、健康食品や健康器機が大流行の日本は、ガンジーが言う意味での健康からはほど遠いと言わなければなるまい。

ところで、ガンジーは極端な理想を述べているのではない。きれいな空気と水に恵まれ、自然のリズムに合った百姓暮らしをして、旬の恵みをいただいて生きていた昔の人たちは、たいていガンジーの「健康」に近い生活をしていたのだ。逆に言えば、工業社会の人間は彼の言葉を「実現するのが困難な理想論」と感じるほどに、歪んだ暮らしをしているのである。

自給自足の百姓暮らしを目ざしてきて、今私たちにはそれがはっきり分かる。十年前に読んだなら私も理想論と思っただろう。しかし、今の私たちがガンジーの「健康」に到達しているとは言わないが、少なくとも彼の言葉を「現実からかけ離れたものではない」と理解できるようになった。

都市生活者がきれいな空気と水、身心によい食べ物を得るのは至難の業であろう。用があって都会に行かなければならないとき、私たちは汚れた空気に息を詰まらせ、塩素入りの水道水で喉を不快にし、少しはましな食事を求めてうろうろする。

田舎の空気も農薬による大気汚染などで必ずしもよいとは言えなくなったが、都会のよどんだ空気に比べれば森林が多いだけまだましと言えよう。わが家では水道水と井戸水を両方使っているが、水道水の方は風呂や洗濯のために使い、飲料水にはもっぱら井戸水を使う。木炭と砂で作った昔風の浄水器を通した井戸水は、味も抜群である。また近くには古くからうまい水として言い伝えられている沢があり、手作り豆腐などを愉しむときには、その沢水を汲みにいく。

食べものは畑で穫れた旬の野菜ばかりの「ばっかり食」である。「ばっかり食は体に悪い。栄養が偏らないようにいろいろなものを食べるのが大切で、一日三〇品目は摂るようにしたい」などと言う栄養学者がいるが、まったくのでたらめである。人間の体は毎日毎食バランスのよい栄養を摂らなければならないほど脆弱にできてはいない。自然が春夏秋冬をサイクルに循環しているように、私たちも一年単位でバランスのよい栄養を摂ればよいのである。また一日三〇品目など世界中から食べ物を集めてくる支配国でのみ可能なことで、自立した暮らしをしている人間にとっては到底できることではない。栄養学者の言は、欲望を煽って不健康なニセ食品を売ろうとする食品業界に都合のよいだけの意見である。

自然科学の分析的・要素主義的な方法はいろいろな分野でドグマを生みだし、利よりも害を与えている。農学などその典型であるが、栄養学もその一つと言えそうである。

作物はチッソ・リン酸・カリだけで生きているのではない。この三要素を与え農薬で病虫害を防げば、見かけだけは立派なものができるが、病気に弱い味も薄いものしかできない。これでは人間の体にも良いわけがない。栄養素に分けるとすれば、科学の発展とともに次々に発見されるに違いない「無数の」栄養素で、作物は生きているのである。人間も同様である。

自然は分析できない。私たちの限られた知性で浅薄な分析を加えれば、必ず偏りが生じるのであって、そのような自然のなかで私たちは伝統に頼って生きるほかはないであろう。伝統にも誤りはあるかもしれない。いや必ずや誤りに満ちていよう。しかし伝統は何千年もの長いあいだの祖先たちの体験から生まれた知恵であって、少なくともそれ以上に信頼すべき知はないのである。

伝統は肥料の成分を分析などせずに、土づくりに励めと教える。それが作物の健康にとって最良の援助である。同じように伝統は栄養素を分析して組み合わせるのではなく、旬の食べ物を食べよと教える。旬の作物はその季節を元気よく生きようとして自らの生理を整えているので、それを食べるのが私たちの体にとっても一番よいというのである。

たとえば、春は冬のあいだ眠っていた万物が目覚め、活動を開始する季節である。畑には葉菜しかなく、わが家では貯蔵された穀物と菜っぱだけの食事がつづく。たまには山菜が加わるが、ワラビもシオデも草の若芽である。若葉若芽の新たな活動力を私たちもいただいて、農作業を開始するのである。

夏には果菜が多い。そしてキューリでもトマトでも夏の果菜はみずみずしく、暑い夏に水分を保給し体を冷やしてくれる。

万物盛る夏には私たちも激しい労働を要求される。それで夏が終れば体力を消耗し体重も減るが、実りの秋には豆にせよ穀物にせよ血となり肉となってそれを補ってくれるものが穫れる。また冬は根菜中心の食事で、それらは冷えた体を温めてくれるものが多い。

この一致は偶然ではない。たとえば夏のキューリは炎天下で自らが生きぬくために水分を蓄えるのである。人間もキューリも同じ生命として、環境の変化に対して同じ要求を持っている。キューリ自身が蓄えた夏を生きぬく力を、私たちもいただく。だから旬のものばっかり食べるのが体に一番よいことになるのである。反対に自然の変化にさからって人工的にコントロールされた暖房ハウスで栽培された野菜は、優れた食べ物とはいえない道理である。

食べ物を選ぶときに注意すべき第二は、「生きているもの」を食べるということである。自然界を観てみると、植物は落ち葉や枯れ木の腐植を養分とし、動物の糞尿や屍体が腐敗分解したものを糧《かて》として生きている。一方動物は言うまでもなく植物の葉や果実をじかに食べ、他の動物の肉を食べている。つまり植物は他者の「死」を食べ、動物は「生」を食べるのである。

したがって、動物の一つである私たちも、できるだけ「生きているもの」「新鮮なもの」を食べるのが体によいことになる。たとえばわが家では動物性の食べ物は卵が中心であるが、卵は有精卵がよい。ニワトリを一つがいだけ飼うと、一日一個しか卵を産めないので、メスが卵を孵化するときには五、六個たまるまで待って抱き始める。そして二十一日間抱いてはじめてヒヨコが生まれるのである。そのあいだ卵は生きていなければならない。ということは、有精卵は数週間は産み落とされたときと同じ新鮮さを保っていることになる。一方バタリー飼いで工場生産される無精卵は、そうした命を持たない。栄養素に分ければ有精卵も無精卵も同じタンパク質とビタミンかもしれないが、単なるタンパク質である無精卵は日に日に腐敗していくのである。

野菜についても同じことが言える。料理の直前に畑から引き抜いてきた野菜を食べるのが、体には一番よい。近頃は霧状にした水分を保給したり、発泡スチロールの箱に入れたり、また老化するときに野菜が出すエチレンガスを吸収したりして、「鮮度を保つ技術」と称しているが、これは言葉のまやかしである。正確に言えば、野菜の「見かけを保つ技術」であって、一見瑞々しく見えるホーレンソウも、実は栄養分も生命力も失われた残骸なのである。

ついでに言えば、収穫後に臭化メチルでくん蒸処理される輸入イチゴは、一カ月間もカビが生えず腐らないという。そういうイチゴが乗ったショートケーキを何の疑いもなく食べている日本人のおろかさには、驚きあきれるばかりである。

漬け物などの保存食は、食糧が少ない冬にも食卓を豊かにするために考えだされた技術であって、もし新鮮なものが充分にあるならば、健康のためには保存食でない方がよいと言えよう。ただし正しい方法で収穫・貯蔵された穀物は何年も生きているので、保存食とは別である。また、肉などは屠殺してすぐより腐敗しかかったものの方がうまいという人もいるが、舌を満足させるかどうかという問題は、健康によいかどうかという問題とは別である。ガンジーは「嘘つきや盗みは社会から軽蔑されるのに、舌先の快楽に屈服した人々が何の非難も受けないというのは不思議なことです」とまで言っている。恥ずかしいことに私はガンジーの教えを守ることができないが、舌を満足させる美食が健康にはむしろよくないものが多いのは確かなようである。

もう一つ、食養道の祖・石塚左玄の思想である「一物全体」ということも、重要な道理と思われるので紹介しておこう。食べ物を陰陽に分けて、陰や陽に偏らない食事が大切であると説いた左玄は、生きているものの全体は陰陽の調和が保たれているのだから、健康になるためには「全体」を食べるのがよいと教えた。陰陽という概念は分かりずらいので、私は次のように理解している。

私たちがタンパク質だの脂肪だのさまざまな栄養素をバランスよく摂らなければならないのは、私たちの体の諸部分つまり骨や肉や血を造ったり、エネルギーを出したりするためにさまざまな栄養が必要だからである。そこで、私たちが魚や野菜の「部分」を食べ、偏った栄養を摂るときには、タンパク質が何グラム、脂肪が何グラム、ビタミン類が何ミリグラムと分析して、食事の全体がバランスのよいものであるかどうかを考えなければならない。これは非常に難しい。しかし、私たちの体が全体としてバランスのよい栄養を必要としているように、魚でも野菜でも生きているものはみなバランスのよい栄養を必要として生きている。したがってもし私たちが一匹の魚の肉の部分だけを食べるのではなく、骨も血も丸ごと全部食べるのならば、分析などする必要もなく、私たちはバランスのよい栄養を摂っていることになる。

この深い洞察に接して、私は西洋的な知識と東洋的な知恵との違いを見るような思いがするのであるが、「一物全体食」を実行するのは難しい。一物全体がよいからといって、米をモミのまま食べるなどは愚行と言うべきであろう。ただ私たちは往々にしてうまい部分だけを食べたがるが、なるべく全体食にして偏りを避けるべきである。米なら玄米の方がよいし、芋も皮ごと食べる方がよいというわけである。とくに魚や肉の部分食は栄養の偏りが激しくなるので、魚は小魚を丸ごと食べるのがよく、丸ごと食べられない大型動物はできるだけ食べない方がよいということになろう。

ところで食べ物をどんなに良いものにしてもそれは必要条件であって、生活の仕方が誤っていれば健康は得られない。健康を得るには、野外の肉体労働で毎日汗をかくことや、ときには重労働に渾身の力をふりしぼって体を鍛えることが必要である。そうした機会がほとんどない都市の生活では、よほどの粗食をしないと栄養過剰になりがちであり、また神経的なストレスによって健康を損うことも多くなろう。

野性の動物は自然のリズムに合った生活をしている。たいていは夜明けとともに起き、日没とともに眠る。また春に活動を開始し、夏には活発に動きまわり、冬はゆっくり休む。人間もまた動物の一つであるかぎりは自然のリズムに合った生活をするのがよいに決まっている。言うまでもなく現代社会では自然のリズムを無視した生活を強いられる。電灯のおかげで夜ふかしが習慣的になり、たいていの人はまったく人工的なリズムで一週間に一度仕事を休む。年間のリズムはさらに失われ、「冬籠り」という言葉は死語になってしまった。

私たち夫婦もその同じ社会に生きているので、理想からは遠い暮らしをせざるをえないが、それでも百姓暮らしは都市生活に比べればずっと自然のリズムに合った暮らしであると言える。

私たちには定期的な休日はなく、春三月から十月まではほとんど休みなく働く。強い雨のときは休むが、小雨なら田んぼの仕事はできるので休みではない。

春先は冬のあいだに鈍った体を動かすので、ひと月ほどは節々が痛いが、やがて体が慣れてくると辛くはなくなる。そうして五月の農繁期に入る。梅雨明けまでは朝七時頃から日没まで働く。十時間ぐらいの労働である。六月の末ともなるとかなり疲れが溜ってくるが、梅雨が明けると日中は野外の作業はとてもできないので、早朝五時頃から八時頃までと、夕方三時頃から日没までになる。これが格好の休息になるわけである。九月十月はまた春と同じように忙しいが、十一月になると急ぎの仕事もなくなり、その後二月末まではかなりのんびりした暮らしになる。冬の朝は八時頃まで寝ていることも多い。

百姓暮らしの実際については第二部で詳しく述べるが、もし夏の暮らしが一年間ずっと続いたらとても体が持たないと思う。また反対に冬の暮らしばかりでは、体も鈍るし心も怠惰になって健康を損うと思う。両方があって具合いがよいのである。

最後に住宅の構造や暖冷房についても一言しておこう。現代の建築はたいてい外界から遮断された閉鎖的な空間であって、その内側の環境を空調設備などでコントロールする。人間の知識や技術によって理想的な状態を創りだせるとする、思いあがった人間至上主義がここにも反映しているのであるが、その結果ぜんそくやアレルギーをはじめとして病気を増やしているのである。

家のなかの環境をコントロールしようという思想なら、外観はヨーロッパ風でもカナダ風ログ・ハウスでもよいことになる。しかし、日本の伝統的な建築は、言うまでもなく日本の気候風土に合った健康な生活ができるように、私たちの祖先が何千年もかけて確立してきた様式である。それをヨーロッパかぶれの建築家たちが軽々しく変えてしまうのは、愚の骨頂と言うべきであろう。

健康のためには家のなかもできるだけ通気をよくし、外界とひとつながりの空間にしておくのがよい。気候に恵まれた日本では、家というものは雨露をしのぐために、また堪えがたいほどの寒風を遮断し、耐えがたいほどの炎天下に厚い日陰をつくるためにあるのである。

わが家では暖房はふつう豆炭炬燵だけである。よほど寒いときや寒さに慣れていない来客のために石油ストーブも用意してあるが、ひと冬に数回しか使わない。また夏には扇風機があるが、これもほとんど使わない。家は廃屋を修理した百姓家で、隙き間風が入るので冬は着ぶくれていることになるが、これが風邪をひかない良策である。暖冷房は室内と外の温度差がありすぎるので、出入りのたびに体が順応できない。それで風邪をひくことになるのである。

このように自然の懐に抱かれて、自然のリズムに合った生活をして、旬の食べ物をいただくことによって、私たちは健康に暮らしている。若い頃から病弱であった私は、かつては内臓の手術も経験し、薬を手放せないような生活を送っていたのであるが、百姓暮らしをするようになってから病院のお世話になったことがない。

(2)本物でする暮らし

冷暖房完備の大きな家に住み、家族はそれぞれ個室を持っている。ガレージにはモデルチェンジしたばかりの乗用車があり、家のなかにはビデオやワープロやファックスなど流行の電化製品が揃っている。衣類は有名ブランド品。食事は毎食肉や魚貝類がふんだんに付く。庭の隅にはドッグフードで飼われている西洋犬が寝そべっている。——こういうのが現代日本の豊かな暮らしのイメージであろうが、工業製品は本当に必要なものしか持たないように努めてきた私たちから見ると、不要な物に埋まった肥満の暮らしのように見える。

すでに述べたように工業社会は私たちの欲望を市場にして開拓し、不要なものを売り続けることによって発展してきた。その結果社会のどの領域でも競争が原理となり、私たちは競争に打ち勝つために忙しく動きまわる。子どものときから他人と比較して評価され、競争が習い性になった私たちは、落ち着いて人生の幸せを考えてみることがなくなってしまった。マスメディアの宣伝で価値観をつくられている私たちは、他人より物持ちであることを幸せと錯覚して、過剰な物にふりまわされて人生の大切な時間を浪費しているのに気づかない。

衣食住のすべてにおいて、物は私たちが健康に生きるために必要なのであって、それ以上の意味はないと私は思う。そして、私たちが持っているたくさんの工業製品は、そのほとんどが昔のものに比べると粗悪品であるか、あるいは無い方が清潔で健康な暮らしができるゴミのようなものである。

百姓暮らしを始めてから私たち夫婦は工業製品をなるべく持たないように努めてきたが、その結果工業製品が三種類に分けられることに気がつく。

第一は辛い労働や手間のかかる仕事をかたがわりしてくれる機械や道具であり、第二は昔は手作りしていたものを機械で大量生産したものであり、また第三は工業化以前には類似したものがない、欲望を開拓して商品化したぜいたく品である。

工業社会の一員として生きざるをえない私たち夫婦が、工業製品をいっさい排除して暮らすのは難しいが、私たちが持っている工業製品のほとんどは、第一と第二の類に属する。

第一の類としては、農業用の小型トラック・耕耘機・草刈機・家事用の洗濯機・冷蔵庫・ガスレンジなどがある。農業機械については第一章ですでに述べた。洗濯機が主婦の労働を軽減してくれることは言うまでもない。冷蔵庫のない時代は、腐りやすい食品は井戸のなかに吊り下げて保存したようである。井戸のなかの空間は五度Cぐらいに保たれるので、冷蔵庫とほとんど変わらない。しかし食品をザルなどに入れて吊り下げたり引き上げたりする手間は大変である。一方ガスレンジについて言えば、カマドがあれば足りるはずだし、カマドで炊いたご飯はたしかにガス釜や電気釜のそれよりうまいが、やはり相当の手間がかかる。

長い目で見ると工業社会の行きづまりとともに、このような機械や道具類も捨てなければならない、と私は思っている。しかしその便利さに慣れてしまった私たちが、意思によってこれらを放棄するのは困難であり、おそらく最後まで残るのはこの類の工業製品であろう。

矛盾を嫌って極端を求めれば、かえって挫折しやすい。私たちが脱工業社会をめざす場合にも――ほかに捨てるべき工業製品はいくらでもあるのだから――この類のものは過渡期には肯定してもよいのではないかと私は思う。しかし労働が楽な方へ楽な方へとどんどんエスカレートするのは疑問である。というのは仕事を機械に頼れば楽にはなるが、労働の喜こびが失われ、仕事の時間が「一刻も早く片づけるべき嫌な時間」になってしまうからである（次節を参照）。

第二の類の工業製品は、建具・家具・台所用品などのいわゆる調度品と衣類、若干の加工食品である。つまり衣食住の生活必需品であるが、これらについては例外なく伝統的な手仕事のものの方が優れている。それはあたりまえで、生活必需品をつくる手仕事は何百年何千年も工夫を積み重ねて発展してきたのだ。工業製品はその手仕事をまねて、大量生産して安く売り出したものである。完全にまねられればまだよいのだが、たいていの場合工業製品は形状だけ似ている「まがいもの」にすぎない。

たとえばモチは伝統的には臼のなかで杵で搗くわけだが、機械に「搗く」運動をさせるのは難しいので、モーターの回転運動で似たものをつくる。すると形状だけは「モチのようなもの」ができるが、どうしても昔のようにうまいモチはできない。そのうえ食品会社は原料に安価なトウモロコシなどを混ぜ、食品添加物でごまかすので、ますますまずく危険なものになっている。

このような例は衣食住のすべてにわたって枚挙にいとまがないほどである。

自然の繊維と染料を用いた手織りの布は、美的に優れているだけでなく、通気性も保温性もよい。肌にやさしい、丈夫で長持ちするといった特長を持っている。そのうえ使い古したものは大地に返して肥料になるので環境にもやさしい。反対に化学繊維の布は皮膚炎の原因になり、最後は必ず異質なゴミとして環境を汚すのである。

住についてはすでに述べたが、法隆寺の棟梁・西岡常一氏は『木に学べ』のなかで機械化された現代建築と伝統的な手仕事とが似て非なることをいろいろ指摘している。たとえば電気カンナの仕事も手カンナの仕事も一見変わらないが、両方を雨晒《さら》しにしておくと違いがすぐに出てくるという。つまり電気カンナで削ったものは水を吸って黴《かび》が生えてくるが、熟練の大工が手カンナで削ったものは雨水をはじいてしまうという。電気カンナで削った板の表面は、顕微鏡で見たらザラザラらしい。

食もまた例外でなく農産物から加工品に至るまで、ほとんどすべてが「まがいもの」になっているが、ニセ食品は感性を貧しくするだけでなく、健康破壊に直結するので重大である。

競争が原理の工業社会では、「悪貨は良貨を駆逐する」という悪しき原則がまかりとおり、今では手作りの本物は希少となって、高価で手に入りずらくなってしまった。庶民は安価なまがいものを与えられて満足させられ、本物は工業社会を上手に渡り歩いている金持ちだけが持っている。ひどい世の中だと思うが、できるだけ伝統的なものを得ようと努めている私たち夫婦も、衣と住については仕方なく工業製品で間に合わせることが多い。しかし命の糧《かて》である食については、本物でする暮らしの豊かさを追求している。(この点でも多くの人の価値観は顚倒《てんとう》しているように見える。食は安価なニセ食品で我慢しても、衣や住には金をかけ、さらに教育や趣味娯楽などの文化活動への出費は惜しまない。エンゲル係数の低い文化的な生活というわけだが、一つ一つの意味を考えてみたことがあるだろうか。衣も住も本来は健康な暮らしのために必要なものであって、ステイタスの高さを自慢してもつまらない。また現代の文化の大部分が、工業社会の繁栄を維持するために生まれた歪んだ活動であることは、すでに述べたとおりである。収奪によって豊かになったヨーロッパで考案された「エンゲル係数」は、搾取収奪のバロメーターにすぎない。民族が自立して生きているならば、エンゲル係数は高いのがあたりまえなのである)

大型機械と農薬を用いる米作りだと反当たり二日半の労働で米ができるという。わが家の米作りは、苗代の種播きから庭先に莚を広げてする天日乾燥まで、反当たり約三十日の労働を要する。十倍の値段で買ってくれる人はいないので、金儲けのためならとてもできないが、穫れた米に本物とまがいものの差があるのである。

近代農法で作った米は一年半も経つと黄色くなったり臭くなったりして食べられなくなる。また玄米で貯蔵するので虫がつきやすく、ポストハーベスト農薬が必要になることもある。これは化学肥料や農薬の使用も一因だが、コンバインで強引にむしりとって脱粒し、熱風をあてて急速乾燥するために米が死んでしまうせいである。死んだ米は単なるデンプンやタンパク質なので、日に日に劣化して黴《かび》が生えたり腐ったりする道理である。

一方、わが家の米は無農薬有機栽培であるだけでなく、稲刈りのあと稲架に掛けたものをやさしく脱穀し、それをさらに天日乾燥してモミで貯蔵する。高度成長期以前の米はみなそういう米だったわけだが、そういう本物の米は生きているので、十年は食べられるという。私自身は十年経たモミを食べたことはないが、二、三年は新米と同様の味と栄養を保つようである。またモミ貯蔵ならば虫はつかないので、貯蔵にはネズミの害だけを心配すればよい。

一昨年（平成五年）は米不足で大騒ぎをしたのに、昨年豊作になるともう余った米の処置に困って、今年（平成七年）は減反強化だという。そこには政治的な理由もあるが、効率を追求するあまりに「まがいものの米」を作ってきた近代農業のあり方に根本的な理由がある。昔の百姓なら、いくら穫れてもまず穫れすぎなどということはない。お天道さまの恵みを率直に喜こび、二年後三年後の凶作に備えて蓄えたのである。(誤解のないように書き加えるが、都市生活者が「手間をおしまず本物の米を作れ」と要求することは身勝手というものだ。すでに述べたように農業の変質は工業社会のなかで強いられたものであり、工業社会の全体を改めなければ解決はない)

野菜でも加工食品でも昔の本物を食べたら、マーケットに並んでいるものは、「まがいもの」と言わざるをえない。一つ一つ挙げればきりがないが、たとえば私たちが作るイチゴは五月の後半に半月ほどしか食べられず、形も不揃いだが、味は抜群である。ハウス栽培のイチゴは半年間も収穫できるそうだが、真冬にいただいたりしても、贈り主には悪いが食べる気がしない。農薬を使っているから嫌だというのでなく、ハウス栽培のものは味がイチゴではない。本物のイチゴのあのうまさを大事にしたいと思うのである。また新しい青大豆を収穫して、山の清水で作った自家製豆腐の味。あれを食べたらマーケットの豆腐はみな「まがいもの」だと言わざるをえないのである。

さて第三の類の工業製品はわが家にはほとんどない。テレビ・ビデオ・クーラー・ワープロ・ファックスといった工業社会の発明品はなく、一台の電話機とラジオがあるくらいである。しかしそれで何の不自由もないし、かえって健康で落ち着いた暮らしができる。テレビなど短い一生の大事な時間を無駄に使うだけではなかろうか。テレビを捨ててしまうと、読書や思索の時間ができるだけでなく、美しい月や虫の声に出会う機会も多くなる。その方がよほど豊かな暮らしだと思う。そして第三の類の工業製品は欲望を開拓して収奪を続けるために生まれたものであって、工業社会以前には比較すべき対象がないが、これらもまた「まがいもの人生」をつくる「まがいもの商品」だと思うのである。

(3) 労働が楽しい暮らし

「人は生きるために働く」という言葉は、一見自明のことを言っているようだが、百姓暮らしに対しては適切な表現とは言いがたい。というのは、「生きるために働く」という表現には「生きること」と「働くこと」の乖離《かいり》が感じられるし、「働く」のは愉快ではないが「生きるために」は誰もがしなければならない義務であるという労働観さえほの見えている。

失礼ながら企業に勤める人の労働は、そういう性格を持っていると言えるかもしれない。工業社会では人は自分の労働を時間で売る。一日八時間、月曜から金曜までの四〇時間は、企業という巨大な機械の一部品となって働かねばならない。それはどこか奴隷の労働に似ている。もちろん今日では売られた時間内でも労働者の基本的人権は守られているはずであり、売り主が自分自身であるという点が決定的な違いであるが。

企業労働の場合、労働が楽しいと感じる人は稀で、たいていの人は退社時間に労働から解放され、そのときから自分自身の生活が始まるのだ。残りの時間、つまり家庭生活や趣味や遊びの時間を楽しく「生きるために」、八時間は嫌なことも我慢して「働く」のである。

その我慢ができるようになることが、今日では一人前の大人になることである。また、非工業国から収奪した富が蓄積されると、一部の人間は遊んで暮らすようになり、人々はそのような身分になることを望んで、子どものときから競い合っている。

しかし、労働が「少しでも早く終らせたい時間」であるのは、疎外された形態の場合であって、あらゆる労働にあてはまるのではない。働くことと生きることが渾然一体となっている百姓暮らしで、私たち夫婦はいつも「労働を楽しくやりたい」と考えて工夫しているが、「少しでも早く終わらせたい」とは考えない。極端に言えばそれは「人生を少しでも早く終らせたい」とは考えないのと同じことなのである。

工業社会の労働と百姓暮らしの労働は、何故にそのように違うのだろうか。

疎外のはじまりは分業である。言うまでもなく分業は製品の質を高め仕事の効率を高めるが、確実に労働から楽しさを奪う。

百姓の仕事はいわゆる耕作だけではない。冬の山仕事があり、土手直しなどの土木工事があり、畜舎や堆肥小屋の建設、機械や道具の修理もある。収穫物を料理しておいしくいただくのも、百姓暮らしの重要な仕事の一つである。自給自足の度合いが大きくなると、衣食住のすべてにわたってあらゆる技術が要求されることになる。

農村に移り住んで驚いたことの一つは、老農たちの器用さであった。大工仕事でも道具の修理でも一応の技術を身につけていて、たいていのことは専門家に頼まずに片づけてしまう。それは数十年前までの農民の暮らしがいかに自給自足的だったかを示しているのである。

もちろんどんなに器用な人でも一つ一つを取りあげれば専門家の仕事よりは粗雑である。工業化以前の農村でも大工・建具屋・左官屋・桶屋・鍛冶屋などの職人が専門化して、所有物の質は高まったが、その分業で失われたものも少なくない。

その第一は生活の自立性の喪失である。自給自足の百姓暮らしでは、前にも述べたように「自然のなかで人間が自立して生きるためには何をしなければならないか」が、日々に確かめられている。他人を泣かせることなく自前の力でする暮らし――百姓たちはそのことにひそかな自信と誇りをもって、知識と技術を子どもたちに伝えてきた。

仕事が専門化すれば生活はどうしても自立性を失う。大工もまた自分の仕事に自信と誇りを持つことができるが、それは技術の巧みさに対する自信と誇りであって、百姓の持つそれとは異質である。

社会が自立しているときにも大工や建具屋の仕事は必要だが、江戸時代の村のような小規模自立社会では、一軒が常時大工であるほどの需要はない。今日でも村では大工や建具屋が田畑を持っていて、休日に耕作していることがあるが、昔は鍛冶屋も粉屋も竹籠屋も半農半職人であって、基本的には自給自足の暮らしを保っていた。それはそうしなければ食べていけなかったということであるが、望ましい社会を考えると、きわめて優れた形態であると言うことができる。

農の部分を失った大工は、生活の自立性を失い、賃金が絶えないように町に出ていく。町というのは、一言で言えば権力者が労働を収奪するためにつくった寄生社会である。百姓からいくら年貢米を収奪しても、それだけでは権力者の生活は豊かにならない。収奪した米で多くの人間を養い、彼らの生活に奉仕させることによって、権力者ははじめて豊かになる。下男や女中はもちろんそのような存在であるが、権力者の周辺に集まっている職人や商人たちも、基本的には同じだった。彼らが独立した生活を営んでいるのは、権力者にとっても彼らの専門労働は常時必要としないという理由によろう。

専門家となった大工は、お金がなければ生きていけない。仕事が権力者への奉仕であろうとなかろうと、そんなことは構っていられない。むしろ少しでも実入りのよい大きな仕事を求めることになる。いまや労働は生きることから乖離しはじめて、義務の様相を呈している。彼の労働に対する誇りは、技術の巧みさしかなくなってしまったのである。(今日では技術への誇りも失って、金儲けだけが誇りという建築業者が多いが)

分業の欠点の第二は、生産者と消費者の分化ということである。百姓暮らしでは、余剰の作物は売るが基本的には自分と家族が食べるものを作る。たとえばゴボウやヤマイモを手で掘るのは大変だが、そのような重労働を要する作物でも、自分たちが食べたいから作るのだから、その労働は一向に苦にならない。掘るのが嫌ならば食べなければいいだけの話なのである。

ところが販売を目的に作るのならそうはいかない。ゴボウに比べたらダイコン掘りは簡単だが、トレンチャーのような機械もなくゴボウとダイコンが同じ価格だったら、ゴボウ掘りは苦痛になり、やりたくないと思うに違いない。

消費者が自分自身であっても見知らぬ他人であっても、同じ気持ちで働くのが理想かもしれないが、実際には人は自分自身の欲望をみたすための行為なら楽しいのである。分業をすればどうしても他人のための労働になるので、楽しさが失われることになる。

このことは商品の質を決める要因でもある。自分や家族が食べるものを作るときには、人はけっして手抜きをして劣悪なものを作ろうとは思わない。たいていの人は、できるかぎり安全でうまいものを作ろうとするだろう。ところが見知らぬ他人のために作るとなると、なかなかそうはいかない。高く売れるか否かが一番の問題になり、危険な農薬をかけても外見だけは立派なものを作る人が、どうしても多くなってしまうのである。

工業社会では仕事の能率を高めるために分業がさらに進み、一人の人間は製品を作って売る全過程のごく一部だけを受け持つようになる。たとえばお菓子の会社で、ある人はひたすら原材料に添加物を混ぜ合わせ、他の人は製品に製造年月日のスタンプを貼る。宣伝マンは菓子の中味がどんなものかはほとんど知らずに、どんなコマーシャルを流せば売れるかを考え、配送係は毎日きまったコースを巡ってダンボール箱を降ろしていく。

このような単純作業のくりかえしが楽しいはずはなかろう。百姓暮らしには季節ごとにバラエティに富んだ仕事があって、飽きさせないが、農業も単作農業になれば工場労働と変わらない。何町歩もの広大な畑にキャベツだけを作る仕事は、金儲けのために我慢しなければならない苦役である。

労働が苦役になれば、それを一刻も早く終らせるために機械が欲しくなる。しかし機械を使った労働はさらに喜こびを失うのだ。というのは、機械は仕事をすみやかに片づけるが、その速さが私たちの心や体のリズムと合わないのである。私たちは機械のスピードについていくために絶えず緊張を強いられ、また農業機械などの場合には肉体的にも不自然な運動を強いられる。これがいわゆるストレスの原因になることが多い。

ところで工業社会の労働が疎外されているのは、分業化し機械化したその形態だけではない。工業国の豊かさが収奪によって得られていること、したがって自分を豊かにするための労働が他者を苦しめる行為につながってしまうこと、これが工業社会の労働から楽しさを奪っている根本的な理由であると私は思う。

「競争は人間の宿命である」という人がいる。さらに「競争が社会の進歩や発展の原動力になっている」という人もいる。しかし両方とも皮相な見方でしかない。まず競争は人間の宿命ではない。人々がみな自立的な生活を営む社会では、競争は必要ではない。

ある人がトマトの上手な栽培法を工夫したとする。自立的な社会では、その工夫は彼を豊かにするだけでなく、まわりの人々に教え弘めることによって、まわりの人々も豊かになる。しかし工業社会では、その知識や技術を教えずに独占しなくては、豊かさにつながらない。独占すれば競争に勝てるが、みんなに教えてしまっては競争力を失うというわけだ。素朴にこれはおかしな社会だと思う人がほとんどいなくなってしまったことが、私は恐ろしい。

また、他者を打ち負かして苦しめなければ得られない発展など、ない方がよい。工業社会は機械を動かし続け、収奪を続けるために、必需品からぜいたく品の領域へと発展（?）した。人々の欲望を開拓して不必要なものを欲しがらせるために、無限の競争が原理になるのだ。子どもたちの遊びの領域で新たな欲望を開拓し、テレビゲームを売りまくった会社が、莫大な利益をあげ、「優良企業」と言われているが、テレビゲームは何か子どもたちのためになっているのだろうか。創造的な遊びを奪い、感性を貧しくし、健康を損う亡国産業ではないか。おそらくはテレビゲームの生産と販売にたずさわっている人も、「子どもを食いものにしているだけだ」ということを知っていよう。「しかし競争に打ち勝つためには仕方がない。ほかの者だって似たようなことをやっている」と自分を納得させながら彼は働く。そんな労働が喜こびであるはずがなかろう。

工業社会の企業労働には「定年制」というものがある。進歩の思想に毒されている私たちは、古いものはみな時代遅れで役に立たないと考える傾向がある。そのうえ競争に打ち勝つためには効率のよい労働力を求めねばならず、老齢者は「高給の割に活動力が衰えた」と捨てられることになる。一方「発展」を必要としない自立した社会では、老人が尊敬される。ギニアの外交官が「アフリカでは一人の老人の死は、大きな図書館が焼けるようなもの」と言っているが、そのように老人の経験と知識が重要になる。

労働が生きることそのものである百姓暮らしでは、家族全員が力に応じて働く。わが家は残念ながら妻と二人暮らしであるが、わが家の畑のそばでは八十歳を越えた老婆が豆や野菜を作っている。豆の収穫など箱の上に腰掛けてのんびりやるので、作業は遅々としているが、もちろん効率は問題ではない。早寝早起きの百姓暮らしは、彼女の健康の源であり、彼女の楽しみであり生きがいなのだ。

私が驚いたのは、近くの畑で半身不随の老人が草取りをしていたときである。歩くことのできない彼は、丘の上の畑までは誰かに連れてきてもらったのであろう。畑のなかをいざりながら、手の届く範囲の草を引き抜いているのだった。私が見ているのにも気づかず、一心不乱に草を取っている老人の姿の何と輝いていたことか。労働は本来は生きることと一体なのだと私はそのときに教えられたのである。

「民主主義」が収奪した富を公平に分配するための理念であるように、「男女平等」も工業社会の、あるいは富の収奪者たちの社会に特有の理念であると私は思う。ぜいたくのできる金を男が稼いできて、女がそれを使う社会では、女の立場がどうしても弱くなる。「男女平等」を叫ばなければ、男が威張りだし勝手な振る舞いをするようになる。工業社会以前でも、富の収奪者であった武士や地主の家では、往々にしてそのような差別が起こったであろう。だが男と女が共に汗にまみれ、泥にまみれて働く百姓暮らしに、そのような差別はむしろ少なかったにちがいない。

百姓の仕事には一人では困難な作業がたくさんある。米作りなら稲架《はざ》掛けや脱穀がそれで、一人でもやれないことはないが、二人になれば仕事はずっと楽になりすみやかになる。夫婦のあいだにも腕力や気性の違いなどから適性に応じた自然発生的な分業が起こるが、これは工業社会の歪んだ分業とは違って、むしろ「協働」と言うべきものである。平たく言えば、父ちゃんは母ちゃんを頼りにし、母ちゃんは父ちゃんを頼りにして、助け合って生きている。「男女平等」などと言う必要はないのである。

「農業の近代化」とは、農法を工業化し、農家の暮らしを町のサラリーマン家庭の暮らしに近づけることであった。週一回の定期的な休日をつくったり、女たちを農作業に従事させないで専業主婦にすることが、「優れたこと」のように言われるが、とんでもない顚倒した話だ。そのような企ては誤った労働観に基づいているだけでなく、女性をますます差別的な立場に貶めるものである。

私たちの提携直販の会が発足したときから農村会員として参加しているIさんのお宅では、はじめは奥さんだけが有機野菜を作っていた。二、三年後であったか、土木作業の出稼ぎをしていたご主人が、出稼ぎをやめていっしょにやるようになった。「収入は減ったけれど、こうして夫婦でいっしょに働けるのが何より嬉しい」あるときIさんのお宅でお茶をご馳走になったときに、奥さんがぽつりと言われた。あれもまた私にとって忘れられない言葉の一つになった。

⑷昔の百姓はなぜ惨めだったか

「あなたは百姓の暮らしを美化しすぎている。高度成長期以前の百姓の暮らしは、朝早くから夜更けまで重労働の連続で、それでも凶作になれば娘を売るほど貧しかった。鍬や鎌の仕事が機械化され、堆廏肥が化学肥料に替わって、百姓の労働がいかに楽になったことか。『結（ゆい）』の共同作業も、百姓たちは陰険な人間関係に堪えながら仕方なく協働したのだ。だからこそ、機械が入って家族労働だけで間に合うようになったら、結は急速に崩壊してしまった。また『水争い』といった言葉について考えてみれば、貧しい百姓たちがいかに利己的にならざるをえなかったかも解るではないか」

私が百姓暮らしの豊かさについて話すと、このように反論する人が多い。私も昔の百姓たちの暮らしが惨めなものだったことを認めるが、彼は「百姓暮らし」という生活の形態と、支配者たちに強いられている社会制度とを混同して反論しているのである。

戦国大名たちの頂点に立った豊臣秀吉は、領地支配の方法を問われて、「百姓に立ち合わせて収穫量を調べ、三分の一を百姓に残し、三分の二を取るようにせよ」と命じたという。今日では考えられないほどの重税である。

江戸時代にはもう少し軽かったが、六公四民から四公六民で、収穫物の約半分は搾取されてしまう。徳川家康は「百姓は生かさぬよう殺さぬよう、ぎりぎりまで年貢を取りたてるべき」と言ったそうだが、生きるために最低限必要なものを残し、余剰の富はすべて搾取して反抗する力を蓄えさせないというのが、支配者たちの政策だった。

年貢の中心は米だがそれだけでなく、大豆などの畑作物にもかかったし、山や海からの収穫物や百姓の手工業品にかかる「小物成」と称する税もあった。百姓はつねに酷税に苦しみ、年貢納入に困ると田畑を担保に借金したり、子どもや女房を質に入れたりせざるをえなかった。その借金は三割・四割という高利で、たいていは返済できずに小作人に転落する。そうなると反当たり約四俵の収穫のうちの一俵は小作料として地主に取られてしまうのだった。

このような厳しい収奪は、明治維新後も太平洋戦争の敗戦まで、まったく改められていない。明治政府が課した直接国税の大部分は地租であり、政府はそれを納める大地主たち(人口の約一パーセントほどである)をもっとも優遇した。土地の所有権は民法で保護され、地主は小作地を取り上げると強迫して、全収穫の五割から七割もの現物小作料を取ったのである。小作農家の数には変動があるが、大まかに言えば自小作農家が約四割、小作農家が約三割で、合わせて七割の農民はそうした厳しい収奪をうけていた。どんなに働いても百姓だけでは暮らせないので、出稼ぎや内職で生計を補うほかはなかった。たとえば繊維工場で働く女工の多くは、親の小作料の支払いを援助するために出稼ぎをしている貧農の娘たちだったという。

要するに重税と法外な小作料による搾取収奪が、百姓の暮らしを貧しくし百姓の労働を過酷にしていたのである。石油や機械がなかったからではない。社会制度が悪かったのである。自給自足的に生きている村に税金はほとんど還元されないし、必要なものでもない。税はもっぱら収奪される労働であり富であった。

工業大国日本できわめて収入が少ない私たち夫婦は、税金をほとんど払っていない。また田も畑も休耕地が多い今日では、小作料も安い（わが家では約七反歩の田畑に対し、年間九万円の地代を払っているが、換金分の六パーセントほどである）。この違いが私たちの百姓暮らしを豊かで楽しいものにしているのである。

自立した暮らしをするための労働が本来辛く厳しいのだったら、人間の生そのものに問題があることになる。しかしそうではない。世の中に収奪者たちがいなかったら、百姓の労働は機械などなくても楽しいのである。桃源境に機械はない。桃源境がユートピアであるのは、ひとえにそこが収奪者のいない「隠れ里」だからなのである。

今日、日本の農業は滅びようとしている。農産物は米からコンニャクに至るまであらゆるものを外国に依存するようになり、田園に若者の姿はなく、見捨てられた桑の大木が茂り、建築廃物の捨て場になっている。

この衰退は日本が工業立国して富を収奪する道を選んだ結果であるが、農民の側にも責任がないとは言えない。つねに過酷な収奪をされながら貧しさに堪えて生きてきた農民たちは、日本が高度成長期を迎えると、いとも簡単に工業の誘惑に負け、金儲けに走ってしまった。歴史をふりかえれば同情はできるが、工業の論理に対して農業の論理を主張しえずに「百姓魂」さえも捨てていったことの非は問われねばなるまい。

しかし、考えようでは今こそ民衆が農業の論理を自覚する好機なのかもしれない。工業国が、国内の労働の収奪から外国の労働の収奪へと発展（?）を遂げた結果、日本の百姓たちは歴史上はじめて厳しい搾取から解放され、望むならば自立的な暮らしをすることができるようになったのだ。

収奪することも収奪されることもない百姓が、工業社会の外見だけの繁栄に対して、本当の豊かな暮らしを呈示するとき、ガンジーのいう真の「自治（スワラジ）」を実現する可能性も生まれる、と私は信じている。

第二部●百姓暮らしの実際

私たちの農場にはときどき百姓志願の人が訪れてくる。しかし農場の住まいは廃屋を借りて修理した二間だけの陋屋なので、研修生を受け入れることができない。通って来れる人には、できるだけ生活をともにして私たちの経験を役立ててもらおうと努めているが、遠方の人だとそれもかなわない。そこで、第二部では百姓暮らしをやりたいと思う人のために、私たちの日々の暮らしを具体的に述べてみたい。

第一部でくりかえし述べてきたように、百姓暮らしは太陽の恵みを頂戴して生きていく生活の全体であり、その仕事は土つくりから料理までいろいろある。百姓暮らしの豊かさを実感するのは、とりわけ食生活においてであるから、料理を担う人の役割は軽くない。味噌作りや酒作り、ソバ打ちなどをのぞけば、わが家ではもっぱら妻が分担している。そのほかにも男と女の自然発生的な分業があるので、第二部は妻と二人でそれぞれの立場から述べることにする。

第五章●百姓暮らしを始める前に

⑴規模について

百姓志願の人には、たいてい「どのくらいの面積をやれば、百姓で食っていけますか」と問われるが、答えるのは難しい。「食える」という言葉の内容が、それぞれの人の価値観によって異なるからである。

世捨て人になるのでなく、現代社会の一員として生きていくならば、貨幣経済にまったく巻きこまれずにはいられない。しかし、ある人は毎日の食が足り、季節に適した数枚ずつの衣服があり、雨露をしのぐ小さな家があればよいと思う。他の人は百姓だって流行の服も欲しいし、週末にはレストランで外食をしたいと思う。また子どもたちを人並みに大学に通わせられないと「食える」とは言えないと思う人もいるだろう。

耕作面積が広くなれば、さまざまな機械類も必要になる。堆肥の材料を確保するのが困難になったり、除草に手間がかかるので、人手を雇うか除草剤を使うかの選択をせまられたりもする。つまり耕作面積に応じて農法も変わってくるのである。

私は「これこれの規模でなければならない」とか、「こんな農法でなければならない」と言うつもりはない。各人が自分の感性や能力と相談をして、規模と農法を決めればよいと思う。しかし、国策が大規模経営であるせいか、一人で広い面積を耕作し収入が多いのが、一般には優秀な農民のイメージであるが、自給自足の百姓暮らしならその逆であるということは述べておきたい。

狭い面積で自給できる人は、体力も気力も充実し、欲望をよく自制して、太陽の恵みをはげしく独占しないでも健康に生きていける人である。したがってまた、ほかの人やほかの動植物に害を与えることが少ない人である。反対に広い面積でたくさんの収量を得ないと暮らしていけない人は、欲望を自制できないために、ほかの人の取り分も奪わないと生きていけない人と言わねばならない。

私たち夫婦は現在水田二反畑五反を耕作し、鶏を約一五〇羽飼って生活している。この規模が適当だと言うつもりはないし、小規模すぎるか大規模すぎるかも分からない。私たちは自分たちの欲望を自制する力や体力や技術から、たまたまその規模を選んでいる。(私たちの暮らしは、周りの人々に比べると禁欲的であろうが、江戸時代の多くの百姓よりは、かなりぜいたくで怠惰なものであろう)

規模を縮小すれば仕事は楽になるが、換金作物が減って買いたいものを減らさなければならない。規模を拡大するのも不可能ではないが、今の農法のまま拡大すれば労働を辛いと感じるようになる。また大型機械や金肥を導入すれば百姓暮らしそのものが形態を変え意味を失う。それで、私たちにとっては今の規模が適当だろうと思っている。貯えなどは残らないが、夫婦で楽しく健康に暮らしているのだから。

規模に関連して「専業と兼業」の区別についても触れておきたい。私たちは深く考えることなく「農家の本来の姿は専業で、兼業は半端な形だ」と思い込んでいるが、本当にそうだろうか。

歴史を調べてみると江戸時代の昔から実は専業農家はあまり多くない。身分に分けるならば、ほとんどの藩で「百姓」が八割近くを占めていたが、その百姓のすべてが専業の農民だったのではない。広い土地を所有していて農業だけで食えた（あるいは他の稼ぎをする余力がなかった）百姓は専業であるが、そうした百姓の割合はむしろ少なく、多くは工や商のなりわいに携わっていた。「百姓」のうちの八割以上が兼業という村も多い。また土地をほとんど持たない小農が「水呑百姓」と呼ばれていたことは知られているが、「水呑」必ずしも貧農ではない。商業や運送業に従事して裕福な暮らしをしていた水呑も少なくなかったらしい（網野善彦『続・日本の歴史をよみなおす』や、深谷克己・川鍋定男『江戸時代の諸稼ぎ』を参照）。

「専業と兼業」の区別をしたのは明治政府ということであるが、「専業でなければ本当の農家でない」という考え方を弘めたのは、高度成長期の国家権力ではなかったか、と私は考えている。

二つの意味で権力はそうする必要があった。第一に見かけの生産性を高めて工と農の不公平な関係を隠弊するためには、農家数を減らし、少数の中核農家が農業生産の全体を担うようにしなければならない。また第二に、高度成長期の工業労働力を確保するためには、小農を離農させなければならない。そのために、一方では村の若者たちに都会の暮らしへのあこがれを植えつけようと、さまざまな宣伝がなされてきたが、他方では「専業でない百姓は半端者」と兼業小農家を貶《おとし》める考え方が流布されたのである。

実は私自身が最近まで「農業だけで食えない百姓なんて……」という考えを捨てられなかったのであるが、今でははっきり誤りだと思う。そればかりか日本の農業を再生し自治能力を回復するには、何よりもこの固定観念を払拭しなければならないとさえ思っている。

今日では専業農家はつねに規模拡大を強いられ、エネルギーの無駄使い農業にならざるをえない。また兼業農家の方はどんどん農の比重が軽くなり、所有地を荒らさないために耕作しているだけという農家も多い。最大の欠点は「どちらも自給能力を失ってしまった」ことである。そのために結局は工業界の言い分に屈服して、総体に日本の農業はどんどん衰退しているというのが現状であろう。

江戸時代の百姓たちは、狭い所有地で生きぬくために、あるいはいっそう豊かな暮らしを求めて、積極的に兼業を求めたのであって、そこには何の卑屈さもなかった。現代人ももっとしたたかに兼業の「豊かさ」や「強さ」を求めてもよいのではないか。

ただし兼業の形が問題である。今日のような兼業では、農業はお荷物になるだけで、けっして「強さ」とはならないし、百姓としての誇りもないであろう。また遊び半分に家庭菜園を作って兼業と言われても困る。

江戸時代の優れているところは、兼業の百姓たちがそれぞれ自給農業を礎《いしずえ》にしていることである。各家の自給・自治があってはじめて村の自給・自治があり、藩の自治があり、国の自治がある。鎖国政策をとっていた江戸時代は、限られた国土で一民族が拡大発展することなく何百年も生きてきた。その意味で、限られた地球に閉じこめられて生きていかなければならない人類にとって、きわめて貴重な教材であるが、そのような重層的な自給自足の体制をとることによって、一国の自治もはじめて達成しうると私は思う。

工業社会の豊かさを知ってしまった私たちは、意志によってそれを放棄して工業化以前の農業社会に回帰するのは不可能であろう。私たちにできることは、収奪し続けないと生きていけない工業社会の現在の形態、したがって拡大・発展し続けねばならず結局は自分の首を締めていく現在の形態から脱することであろう。それは伝統的な農業を再生し、社会の礎を農業において自治を回復することにほかならない。

その具体的な方法として、工業社会を支えている人たちが積極的に兼業を求め、自給自足のための農業を始めるのがよいと私は思う。もちろん私たち夫婦のように、工業社会の生活を捨てて百姓暮らしを始めてもよいが、それには工業社会で培われた価値観を否定し、自ら感性を変えようとしないと難しいかもしれない。したがって一般的には兼業の方が無理がなく、社会変革の力にもなりうると思う。「専業でなければならない」という強迫観念から、無理な規模拡大をして借金地獄に陥ったり、ハウス栽培で真夜中まで働いたり農薬づけになって自分の体をさいなんでいる姿を見るとき、とりわけそう思うのである。少なくとも兼業を恥じる理由は何一つない。兼業を恥じるより、自給能力を失い百姓魂を失った金儲け農業を恥じるべきである。

(2)最初は辛いけれど

百姓暮らしをやってみようと思う人のために、とくに強調しておきたいのは、「最初の三、四年はいろいろな意味で厳しい。しかしそれを辛抱して乗り越えれば、必ず豊かな楽しい暮らしを実感できるようになる」ということである。

厳しさの第一は技術的な未熟によるものである。百姓の仕事は職人のようにとくに熟練した技術を要しないように見える。それで、やる気さえあればすぐにでもできると思う人が多い。たしかに見よう見まねで似たことはできるが、まず仕事の効率がまったく違う。

鍬の使い方をはじめ作業のコツが分からないので、いたずらに体力を消耗する。私などははじめは一本の畝《うね》を立てるのにも息が切れたが、今なら二畝《せ》歩ぐらいは一気にできる。田んぼの畦塗りも同様で、十六枚の谷津田の畦塗りにはじめは一週間を要し、腰が痛くて動けなくなったが、今なら三日でできる。このように、どんな作業も体が憶えてくると苦痛と感じることが少なくなり、反対に汗をかくことが快くなってくる。

技術的な未熟はまた作物がよくできないという第二の厳しさをもたらす。作物にはその土地土地に栽培の適期というものがあり、ものによっては播種期が一週間前後してもうまくできない。たとえば私の住む地方では秋のダイコンやハクサイは九月の第一週に蒔かなければならない。それより早く蒔くとモザイク病などの病害がでやすいし、それより遅いと寒さが早くきた年には未熟のまま終ってしまう。

また有機農業ならとにかく堆肥を入れればよいと思って、一生懸命堆肥づくりに励んだ結果、堆肥の入れすぎで稲がイモチ病になったこともある。野菜でもナスは堆肥をたくさん必要とするが、キューリだと多肥料が病気の原因になる。大豆などの豆類はバランスよく施肥するのがとくに難しい。

化学肥料や農薬を使っていた土地で有機農業を始める場合には、地力が衰えているので、最初の二、三年はよくできないと考えた方がよい。土地がやせていれば、作物に元気がないので病虫害も発生しやすい。しかし毎年堆肥を入れていけば、三年から遅くとも五年後には見違えてよく穫れるようになる。野菜にも個体差があり、成育の悪い株は病虫害にやられるが、元気のよい株はすぐ隣りにあっても病菌や害虫をはねのけて、すくすくと育つものである。

作物がよくできなければ、お金が入らない。これが第三の厳しさである。もっとも百姓暮らしで世間並みの収入を得るのは至難であるから、お金を得ることよりもお金の要らない生活ができるようになることの方が大切である。

百姓暮らしではめったに人と出会わない。朝から晩まで妻としか言葉を交わさない日が、何日も続くこともある。そんなときに人恋しくなって都会の雑踏を歩いてみたいと思うのは、工業社会につくられた歪んだ感性のせいであるが、その感性を変えないかぎり、お金の要らない生活もできないであろう。

欲望を開拓して収奪・発展を続ける工業社会では、余暇でさえ刺激を求め忙しく動きまわる習性が身についてしまっている。誘惑はまわりに満ち溢れているので、お金がなくてはとても生きていけない。しかし百姓暮らしを実践していくうちに、そうしたもののいっさいがばかばかしい喧騒だと感じるようになってくる。そして自然のなかに何時間も独りでいても、落ち着いていられるようになってくる。

第四の厳しさは村の人たちとの人間関係であろう。会社勤めの兼業が増えて村と外部との交流も多くなり、村に昔のような閉鎖性はなくなったと言えよう。「村八分」という言葉に代表されるような村落共同体の壁の高さを覚悟して移住したが、陰湿ないじめなどには出会わなかった。しかし、冠婚葬祭や共同作業など、義理を重視する気風はまだ残っていて、都市から移住した者にとっては気疲れする場面も少なくない。

たとえば二十軒ばかりの「組」に入れてもらって間もなく、私のところに結婚式の招待状が届けられた。しきたりで組内の家は全員招待するのであるが、新郎新婦の名前も顔も知らない私は、式場の末席に座って身の置き場のない数時間を過した。

また軽トラックの一輪が側溝に落ちてしまって、近くにいた人たちに引き上げてもらったことがある。町ならば「ありがとう」で済んでしまうところだが、親しくなった村の人から「タバコの一箱でもよいから、必ず品物で礼をするように」と教えられて驚いた。実際私の方が簡単な仕事を手伝ったときも、度をすぎた礼をされて驚くことが多い。

村の人たちもはじめは「胡散臭い奴」がやってきたと思ったことだろう。空々しい世辞のような言葉しかかけられなかったが、二年経ち三年経つうちに本音を言い合える友人もでき、緊張して疲れる場面も少なくなった。

村の人の信用を得る一番よい方法は、田畑で汗を流して働くことのようである。

(3) 老農に学べ

農業は科学が成立しにくい分野である。というのは自然科学の科学たるゆえんは、仮説の妥当性を実験によって実証するところにある。実験という方法が「実証力」を持つのはその再現性にあるわけだが、農業の条件は無限と言ってよいほど多様であって、限られた条件下でする実験の結果が再現されない場合が少なくない。
ハウスのなかを一定の温度に保ったり、二酸化炭素の濃度を調節したり、また水耕栽培で肥料成分の割合をコントロールしたりすれば再現性があるが、自然に抱かれてする百姓暮らしで、本の知識はあまり役に立たない。

言うまでもなく地域的に気候風土の違いがあるので、関西でよくできるものが関東ではよくできないことも、またその逆もある。それだけでなく、同じ村のなかにあっても畑の位置によって日あたりのよさや風の強さが違ってくる。粘土質の重い土と砂質の軽い土の違いもある。百カ所の畑があれば百の条件の違いがあると言ってもよいほどなのである。

農業は一年に一回しか作れない作物が多いので、個人の経験も頼りがない。たとえば一つの作物の出来が悪いとき、誰しもその原因について考えてみる。——肥料が少なすぎたか？　多すぎたか？　肥料成分に偏りがあったか？　種を蒔く時期が遅すぎたか？　早すぎたか？　株間が狭すぎたか？　広すぎたか？　土質が合っていないのか？　単に天候不順のせいなのか？　などなど。条件の組み合わせは厖大な数になるので、一年に一回の実験では一生やっても終らない。

農業のような複雑な対象の場合には、私たちは長い伝統に頼るほかはない。いかに優れた人であっても個人の経験や工夫はたかが知れている。独創がひとりよがりの思い込みであることが多く、長い目でみるとたいてい不幸な結果を産むと言っても過言ではない。一方、伝統的な知識や技術は、何千年もの先人たちの経験の積み重ねであって、それに比べればよほど信頼するに足るものである。もちろん伝統のなかにも何百年も続いている思い込みが潜んでいないともかぎらないが、私たちが伝統的な知識や技術に基礎を置くべきなのは確かである。

具体的に言えば、「技術を学ぶなら土地の老農に学べ」ということだ。残念ながらわが国では高度成長期を境にして技術の断絶がある。世界に誇るべき優れた伝統技術を持っていたのに、見かけの生産性を高めるための近代農法にとって変わられてしまった。しかし今ならばまだ七十歳以上の老農たちが伝統技術を保持している。百姓志願者はまず彼らに教えを乞うべきである。

ところで伝統技術と近代農法の技術には、いくつかの根本的な違いがあり、それを理解しておかないと伝統技術のすばらしさを知る前に捨ててしまうことにもなりかねない。

その一つは、伝統技術は熟練を要するものであるが、近代農法は機械などを用いて「初心者でも均等にやれる技術体系」をつくろうとしてきたということである。したがってこちらが未熟の場合には近代農法の方がよくできるように思うが、伝統技術を習熟するとその逆であることに気づく。播種・移植・中耕・収穫のいづれの作業をとってもそうである。たとえば中耕土寄せをする場合、管理機でもそれらしいことはできるが、鍬ですれば作物の成長に合わせて、また雑草の出方や土の乾き具合いに応じて、きめ細かに「さくる」ことができる。

二つ目は、近代農法の技術は「収益性」でのみ評価されるが、伝統技術は生活の全体である「百姓暮らし」を支える技術であるから、もっと多様な意味で評価されなければならないということである。収益性は具体的には多収穫であること、労働効率がよいこと、作物の形や味が消費者の好みに合っていること、などによって高くなる。近代農法はそれらの点では急速に発展してきたが、その代わりに第一部で見たようにエネルギーを多用し、耕地を農薬や化学肥料で汚染してきた。つまり自立性や永続性のない技術である。反対に伝統技術は自立性や永続性をもっとも重要な要件として考えられた技術であり、労働の楽しさまでも視野に入れて発達した技術なのである。

たとえば水田の畦塗りは多少熟練を要する仕事で、重労働でもある。それで最近はプラスチックの畦波やビニール・シートを使う人が多い。ビニール・シートならあまり費用もかからないし、技術的には簡単に水漏れを防ぐことができる。しかしそうした資材が永続性のない石油製品で環境破壊につながるだけでなく、適度の水分を与えない畦はモグラの巣窟になったりして、長い目で見ると畦を維持するためにも都合が悪い。これに対して伝統的な畦塗りは、削りとった土を泥にして戻すだけであるから、何の資材も必要とせず、しかもその技術で祖先たちは何百年も畦を維持してきたのである。美観の点からも優れているのは言うまでもない。

さまざまな例を挙げても、未経験の百姓志願者には理解しにくいであろう。一見無駄のように見えても、伝統技術には必ず意味がある。そのことをよくよく肝に命じて、あなたが百姓暮らしを始める土地の老農に、謙虚に教えを乞うべきである。

第六章●春の暮らし

㈠

単作農業と違って百姓の仕事は一年中あり、始まりもなく終わりもない。労働が生きることそのものであれば、絶え間がないのは当然である。

種を蒔いてから収穫までの期間は作物によってさまざまだが、だいたい二カ月から六カ月かかる（稀には二、三年かかるものもある）。春に食べるものは秋の終わりには種を蒔かなければならない。また春に種を蒔くためには、遅くとも前年の暮れには堆肥の積み込みをしなければならない。

したがって、どの季節からスタートしても、二年目にならないとできないことが生じるし、反対にどの季節からスタートしてもよいとも言えるが、心持ちとしてはやはり草木が芽生え虫が動き出す春が、仕事の開始というのが実感である。

二月の中頃、妻といっしょに種を買いに行く。温床に蒔くナス・ピーマン・シシトウ・トマト・スイカ・カボチャ・キューリ、ビニールで被っただけの冷床に蒔くカリフラワー・ブロッコリー・キャベツ・レタス・セロリ、畑に直播きするニンジン・ダイコン・小カブ・各種の菜っ葉などをまとめて買うので、かなりの出費になる（二万円を越える）。自給自足の暮らしなら種も自家採種すべきなのだが、カボチャやサトイモやダイズなど一部のものしかできていない。最近はＦ１（雑種第一代）で採種しても良い種がとれないものが多い。

もちろんどの品目にもいくつもの品種があり、選ぶのは簡単ではない。大きさや形や味だけでなく、作りやすさも異なる。最近の品種は農薬使用を前提にしているので、一般に有機栽培では作りづらい。しかし昔からの品種は種が容易に手に入らないだけでなく、味も好まれないことが多いので、残念ながら改良品種のものを買うことになる。自分が蒔いた品種の結果を記録しておき、何年か経つと自然に淘汰される。

希望の品種の種を手に入れるために、私たちは三軒の種屋を巡る。品目ごとの種の量は年によって違う。冬の間に提携組織の生産者の相談で大まかな生産計画を立てるので、今年重点的に引受けたものもあり、自給のために作るものもある。

「今年はメロンに挑戦してみようか」

「キャベツはこっちの品種の方が、柔らかくておいしいわよ」

などと言いながら、種を買うのは楽しい。長かった冬の終わりを感じ、これから秋までまたがんばらなければ、と思う。

妻と買ふ種の小袋大袋　次郎

これらの種は二月末から三月末にかけて順に蒔いていくのであるが、植物本来の生理から言えば実は早すぎる。温床に蒔くナスなどは約二カ月後、畑に直播きしてビニール・トンネルをかけるニンジンなどは約一カ月後の方が適期である。その時期なら温床も要らずにじょうぶな苗ができるし、梅雨明け頃に定植することになるので、病害も出にくい。しかしそれでは「早く食べたい」という欲望に応えられないし、収穫期間が短くて多収穫にならない。それでほとんどの人が自然に逆らった栽培法をしているのである。わが家も同じだが、わが家ではナス・トマト・スイカは第二弾を適期の五月初旬にも蒔いている。

セロリやレタスやカリフラワーはちょっと事情が異なる。これらは暑さに弱い高原野菜なので、この辺りでは種蒔きが遅れると梅雨の蒸し暑さに会い、たいてい軟腐病などで腐ってしまう。夏に食べようと思えば、ビニールを使って育苗するほかはないようである。

温床を使った育苗は難しいが、それだけに楽しい仕事でもある。温床の作り方は文字では説明しにくいので省くが、切り藁などの材料を踏み込むとすぐ発熱を始め、数日で六、七〇度にもなり、それからゆっくり下がってくる。その下降の過程を利用して育苗するのであるが、床の気温を二〇度から三〇度のあいだに保つ必要があり、これがたいへん難しい。

第一に昼と夜の、また晴れの日と曇りの日の温度差が大きいので、それを調節するために注意深く見守って手を加えてやらなければならない。晴れの日の日中にビニールを掛けたままにしておけば、あっという間に四〇度を越え、苗は全滅してしまう。また夜間は一〇度以下に冷えこむので、莚などを掛けて保温しなければならない。育苗が始まると定植まで、家を留守にすることはできない。

苗床にふたり頭を入れてをり　　陽子

第二に床の温度は自然に下がってくるが、できるだけ下げないようにする工夫と、発芽までの時間をかけずにすみやかに育苗する工夫が大切になる。前者については、堆肥づくりの場合より水を多目にかけて急に発酵しないようにする。また温度が下がりすぎたら床のところどころに穴を開け、米ヌカを入れて熱湯をそそぐと熱が出る。ポットに移植した後なら、堆肥を切り返すように切り返して温度を上げる手もある（この場合は、温度の上げすぎに注意）。慣れないうちは電熱線を利用するのも仕方がない妥協であろう。

後者については、芽出しを充分にやってから種を蒔くことである。品目で多少の違いはあるが、一昼夜水に浸けてから、濡れたティシュペーパーに包み、ビニール袋に入れて胸ポケットで抱く。命を抱いているような温かい気分になる。体温であたためられた種は数日で芽を出してくる。

種を蒔く床土は、私は腐葉土一・モミガラ燻炭一・焼土一の割合で作っている。また育苗の追肥には油粕液肥が適している（この作り方は「冬の暮らし」を参照）。

畑の作業は冬草の除草、堆肥の撒布、耕耘、播種が主である。言うまでもなく畑にはサヤエンドウやキャベツなど冬越しの野菜があるので、それらは春先に草を取り、堆肥を与え、土寄せをしてやる。また晩春は本格的な種蒔きの季節で、その畑づくりに忙しい。

三月下旬のジャガイモの植え付けに始まり、ニンジン・ダイコン・小カブ・各種の葉菜の第二弾の種蒔き、ネギの定植、ヤマイモ・サトイモ・ショウガの植え付け、ゴボウ・サヤインゲン・トウモロコシの種蒔き、苗床で育てたナスなど夏野菜の定植と続く。田んぼの仕事も加わり、目の回るような忙しさであるが、「蒔かぬ種は生えぬ」の諺どおり、この時期にがんばらないと一年の収穫にひびく。また「どうか病虫害にやられませんように」と願いながら種を蒔いて畑をうめていく作業は、心の弾む作業でもある。

鍬洗ふ流れしづまり花の塵　　陽子

畑の仕事と平行して、三月下旬から米づくりが始まる。わが家では種蒔き後四五日ぐらいの大苗を植えるので、五月中旬に田植え日を決め、そこから逆算して種蒔きの日（四月初め）を決め、さらに逆算して種選び・種浸しの日（三月中頃）を決める。

数年前まではプラスチックの箱に種を蒔き、箱苗を手植えしていた。苗代で行なう苗取りは辛い仕事の一つで、箱蒔きならそれをしないで済む利点がある。しかし、大苗にするためにはたくさんの箱が必要だし、また肥料切れも起こしやすい。それで近年は昔のやり方どおりに苗代田に短冊を作って直接蒔いている。

コシヒカリはまだ霜害のある四月に育苗する必要がある（と思う）ので、遅霜がなくなるまではビニールをかける。苗代田には鶏糞と骨粉のほか、冬のあいだに作っておいたモミガラ燻炭と焼土を入れている。昭和の篤農家・黒沢浄氏の米づくりをまねようとしているが、怠惰な私たちは彼の精農ぶりにはとてもついていけず、結果としてはかなりいいかげんなまね方になっている。

本田の田ごしらえも三月下旬から始める。二反歩で十六枚もある谷津田は、畦塗りにも耕起にも手間がかかるので、余裕をもって早目に始めている。

わが家では秋（十月上旬）にレンゲの種を蒔いているので、耕起はレンゲの花が咲く四月下旬まで待って行なう。その前に畦を塗る。まず畦に沿って万能鍬で水路を作り、田鍬で畦を削る。次に水口を直して沢から水を引き入れ、耕耘機で一巡して翌日に畦を塗る。畦塗りは泥のこね具合いが重要で、ゴロゴロでもトロトロでも難儀する。ロータリー付きの耕耘機で二回通り、翌日に土上げするのがよいので、一日分ずつ泥をこねる。畦塗りは腰が痛くなるが、慣れれば楽しい作業でもある。畦を塗り上げると、今まで荒々しい「野」であった谷間が、凜として親しい仕事の場に一変する。

畦塗りてまた一枚の真顔の田　　次郎

㈡

春は雑草取りから始まります。盛りあがるように繁ったはこべ、畑の畝《うね》に沿って列をなして咲くほとけの座（これは春の七草のほとけの座とは別のものです）、大犬のふぐり、なずななど、冬を越した草々は根をしっかり張っていて健やかです。鎌で土から剝すようにむしり取るのが春草で、切るようには取れません。

取った草は、その日のうちに鶏に与えます。土がいっぱい付いている春草を鶏舎に入れると、鶏はいっせいに柔らかい黒土を踏み、草といっしょに土の微生物も食べて活気が出てくるように思います。

畑にあるものはホーレンソウ、二年子ダイコン、まだ幼いサヤエンドウ、グリンピース、ソラマメ、ラッキョウ、ニンニク、タマネギ、イチゴなどで、食べられるものはハタマネギと菜類だけになりました。ニンジン、ダイコン、ネギ、ゴボウなどはほとんど食べ尽くし、新芽を出したひねたものが点々と残っているだけです。それらに加えて去年のうちに埋めておいた種芋用のサトイモ、家の中に貯蔵したハクサイの残り、芽が出て萎びたジャガイモ、ダイズ、アズキ、切り干しダイコン、イモガラなどが、春から初夏にかけての食料の一切というところです。

このころの食事はご飯とみそ汁、漬け物（タクアン、ハクサイ漬け、ウメボシ、ラッキョウの酢漬けなど）と菜類のおひたし、和え物、イモや干し物の煮物が定番となっています。

そうした料理のくりかえすなかで、ときおり畑の隅に見つけるフキノトウ、ノビル、セリなどを夕食の食卓に加えます。春の御馳走という気分になり、おしむようにいただきます。

蕗の薹数あるなかの二つ採る　陽子

わが家の畑は五カ所に別れています。その一つの隣りは何年も放棄されたままになっている桑畑で、春はツクシが群生します。ツクシはやがて地獄草といわれるスギナの群生となり、わたしたちの畑にも侵入してきて困るのですが、このときばかりは飽きるまで摘み、夕食のおかずの足しにします。

ツクシを料理するには、胞子のついている頭を取ったり、袴を剝さなければなりません。手間がかかるため一度限りいただきます。ツクシは軽くゆで、ごま和え、汁の実、油炒めなどにします。

またそのころのヨモギは若々しく、香りも強いので、小さくとも摘んできては草モチを作ります。

春の新芽や若葉をいただくうちに、わたしたちの体も少しずつほぐれてくるような気がします。冬の体は鈍く、行動的にはなれません。以前はただ寒さのせいだと思っていたのですが、季節のものだけをいただいているうちに、食べている物にも影響されていると気づきます。

田の仕事も少しずつ始まり、家から遠い田んぼへはお弁当とお茶を持って行き、朝から夕方までいて帰って来ます。

春のお弁当は握り飯に漬け物ぐらいです。ときには熱い湯を持って行き、刻んだ小ネギなどと削り節を摺り込んだみそをといて、みそ汁をいただくこともあります。またお弁当箱にご飯をぎっしり詰め、炒り玉子や青菜の漬け物とチリメンジャコのふりかけをのせたり、おいなりさんにショウガの酢漬け（九月に作ったもの）やホーレンソウのごま和えなどを添えます。忙しくてもなんとかできる簡単な惣菜に、常備食を合わせるだけです。

春の田んぼでの一日は、土塊との戦いです。田の土は重く、体が押さえつけられるようです。はじめのころは、いくら力をかけてもなかなか動いてくれませんでした。何年か経つうちに、無駄な力をかけて振り回わさなくとも鍬を使えるようになり、今までのぎこちない姿から解放されてきました。体がコツを獲得するのでしょうか。それからは仕事も速くなり、楽に土が起きてくれるのです。

田んぼの仕事で汗をかくことが日に日に心地よくなっていきます。山に囲まれた谷津田は空気が澄んでいるので、いちだんと空腹感が増し、お米ばかりのお弁当がとてもおいしく感じられます。

大型機械を使わないわが家の田仕事は、どの家でもまだ始まっていない三月下旬に始まり、のんびりゆっくり進みます。四月の上旬には、谷津田のそばの山桜が花盛りとなり、「お花見」を兼ねて田仕事に出かけます。

水口に鍬抛りなげ花の下　　次郎

いよいよ若葉の季節となれば、お昼を食べて一仕事終えてから、山菜採りをする日もあります。変化のない食卓に色どりを添えてくれる山菜は体が要求するように思われ、山ブキ、ワラビ、シオデ、タラの芽などを見つけては夕食に、明日のお弁当にと加えます。自然が豊かなところに住み、旬のものを楽しめることに感謝しながらいただいています。

春は食料が不足するだけでなく、提携の会に売る野菜もわずかで、現金収入も少なくなります。生活に現実的な緊張と不安がかいま見えますが、現金については夏から秋にかけての収入でどうにかやりくりをしています。

百姓暮らしをして毎月一定の収入がないことよりも、近年の天候不順のほうが不安です。暖冬のあと冷夏になった一昨年は夏野菜も不作となり、現金収入が半減しました。お金が入らなくとも飢えることはない。買いたいものを買わずに我慢すれば何とか生きていける。それが百姓暮らしの強味ですが、やはり異常に暖い冬になると一年間の天気が気がかりです。

天気といえば、春の災害は遅霜です。わずかではない作物に夜毎霜除けをすることもできず、「明日は遅霜があるかもしれない」との予報があっても、「被害が大きくありませんように」と祈るだけです。次の日の朝、火に当たって焼けこげたようなジャガイモの芽を「やっぱりね」と言って眺めるばかりです。台風で鶏小屋がひっくり返ったり、大水で土手が壊されて土砂が田んぼに流れ込んだり、被害を受けるたびに「どうしようもない」という言葉が出てしまいます。しかしそれはたしかに諦めではありますが、自然の大きな力を見させてもらっているようで、「どうしようもない」という諦めが「ありがたい」という思いにもつながるのです。年配のお百姓さんは、遅霜の被害を受けても笑ってすごしています。それはくりかえし起こる自然災害に慣らされているということもあるでしょうが、わたしたちが自然に生かされている小さな生き物であることを知っているからだと思われます。

茎立ちしたアブラナなどに花が咲き始めると、それを摘んでみそ汁やからし和え、おひたしにしていただきます。アブラナにかぎらず、アブラナ科のものならなんでもかまいません。少しずつ味に違いがあって楽しめます。わたしはとくに山東菜の菜の花が好きです。

摘んできた花は、その日のうちに全部いただいてしまいます。苦味もあるので油で炒めて酒をふり、しょう油で味をつけ、炊きたてのご飯にのせると「菜の花どんぶり」のできあがりです。

冬のホーレンソウはロゼット状に葉が拡がっているのですが、春になると少しずつ立ちあがってきます。冬の光を受けるために思いきり葉を拡げ霜に当たってきたホーレンソウは甘く、赤身の根もよく洗って細く切り、いっしょにいただいています。

カラシナもちょうど食べごろになり、洗ってから一束ずつ藁でくくり、塩でもんでから漬けます。浅漬けの青々しい茎を細かく刻んでいただいたり、アメ色になるまで漬けておいて葉の部分で握り飯を包んだりします。また酸味のでた茎は、刻んでかつお節と混ぜたり、チャーハンの具や野菜万頭のあんに加えたりします。

春の野菜万頭の具は、切り干しダイコン、カラシナの漬け物、干しシイタケなどです。それらを細かく切って炒め、しょう油で味をつけます。それに炒り豆腐を加え、葛をといて煮ふくめ、ごま油少々とショウガのしぼり汁で味を整え、冷めたら玉子の黄味を混ぜておきます。

万頭の皮は小麦粉(わが家では農林六十一号、中力粉)を固めにこねてから発酵させ、膨れたら直径五センチぐらいの棒状にのして切り分け、それを十センチぐらいの円に拡げます。それで具を包んで蒸しあげます。酢じょう油やからしじょう油をつけて食べるとおいしいです。

農家の行事食はモチ類のご馳走が多かったようですが、おやつには万頭やおやきなど小麦粉で作るものもあったようです。わが家でも毎年三畝歩ほど小麦を作り、全粒粉にして食べています。小麦粉は発酵させ膨らませないと旨味に欠けるようですが、何もないときの朝食に、小麦粉に水と卵と小さじ一杯ぐらいの精白されていない砂糖でどら焼き（パンケーキ）のようなものを作り、はちみつをつけていただいています。全粒粉の小麦には甘味があり、発酵させなくてもしっかりと小麦の味がします。

料理の本の料理は必要な材料を揃え、分量を計って作りますが、自給自足の料理はすべてあり合わせの材料で作ります。

たとえば、八宝菜を作るとします。魚や肉は入らないし、ピーマンとタケノコ、クワイなどが同じ時期にあるわけがないので、たいていは旬の野菜だけの四宝菜ぐらいのものになってしまいます。町の人が見れば、もの足りないと思われるでしょう。自給自足の料理では八宝菜は食べないか、四宝菜でおいしくいただくしかありません。

そのうえ、去年穫れたものが今年は穫れないこともあり、四宝菜の料理も野菜万頭のあんの中身も年により、季節によりちがってきます。作った料理を記録しておいても二度と同じようなものは作れないということがあるわけです。しかし、だからこそおもいがけなくおいしい料理に出会うこともあります。

自給自足の料理は、一期一会のように思います。

第七章●夏の暮らし

㈠

高温多湿な五月六月七月の三カ月は、万物が活発に活動する季節、競い合って草が生え虫が湧く時節である。人間も例外ではなく、草や虫と戦い、それらに打ち勝つ気力と体力がなければ生きていけない。

なかでも忙しいのは五月である。この辺りでは例年五月一日頃に最後の霜がくるので、その数日後から夏野菜の苗をいっせいに定植する。昔から「藤の花が咲いたらもう遅霜の心配はない」と言われているが、それは一応の目安で裏切られることも多い。数日早く収穫したいばかりに、あせって定植して霜害に会ったこともあるので、近年は第二週から定植している。

種蒔きも夏のあいだ中断続的につづく。葉菜を切らさずに出荷するためには、コマツナ・ベンリナ・フダンソウと品種を替えてほぼ半月おきに種を蒔かなければならない。サラダナもつぎつぎに蒔く。またサヤインゲン・トウモロコシ・キューリなどは露地栽培でも三回に分けて蒔き、秋ナスや秋トマトの苗もつくる。苗作りに長時間を要するセロリは、夏穫りを梅雨入り前に定植するが、六月上旬には冬穫りの種を蒔くことになる。

何十種類もの野菜を作付けするのであるから、連作障害に注意しなければならない。わが家では豆や小麦作を輪作のスタートとしている。大ざっぱに言えば、同じ畑に①豆か麦→②根菜→③葉菜→④果菜の順に作るが、実際には移動は簡単ではない。というのは土が砂質か粘土質かによって作物の適不適があるし、病虫害で全滅するのを避けるため、同じ品目でも二、三カ所に分けて作付けするので、どうしても混乱してくる。私は五カ所に分かれている畑の白地図を作っておき、そこに作付けしたものを色分けして記入している。ナス科、ウリ科、アブラナ科、マメ科、ネギ科と別々に図面を作れば、ひと目で適当な場所が分かる。

種を蒔いて半月もすると雑草が生えてくる。夏の主な仕事の一つは草取りであるが、百姓暮らしではこれをできるだけ少なくする工夫が重要である。

鍬で中耕・土寄せを行なうことを、老農たちは「さくる」と言う。この辺りでは、「草取り婆さんとさくり爺さんが競う話」や「鎌百姓より鍬百姓」といった言葉が伝えられているが、いずれも「さくる」作業の大切さを説いている。

小さな草は、さくれば根を動かされたり土を被ったりして枯死する。鎌で草を取るよりは、鍬でさくる方が作業は何倍も速いので、まめにさくることによって草取りの手間をかなり省くことができる。また根元に空気を入れたり、肥料分を作物の方に引き寄せる意味もあり、さくったあとに作物がぐんと伸びることが多い。とくに追肥を与えたら必ず軽くさくっておく。

果菜類は畑に長時間あることになるので、厚目に敷藁を敷いて草の発芽を抑える。スイカ、メロン、ウリなど地を這うものに敷藁が必要なのは言うまでもないが、ナスやピーマンにも主に除草の手間を省くために敷く。藁は堆肥の材料でもあり、紐の代わりにも使うのでいくらあっても足りない。敷藁がないときには、禾本科の草(ススキなど)を刈って敷いている。

草を刈る妻が応へぬ草の中　　次郎

そうした工夫をしても、草取りをまったくしないというわけにはいかない。草はできるだけ早目に小さなうちに取る方が楽だが、これは「言うは易し、行なうは難し」で、忙しい時期にはついつい大きくしてしまう。そうなると手がかかるし作物の成長も遅れることになる。また草取りは誰でも同じようにできると思いきや、草取りにもコツがある。大きいのだけ引き抜くようなやり方では、またすぐに次のが生えてくる。大き目のを取り集めたあと、小鎌で土の表面を削って進むのである。

夏はまたさまざまな虫が畑に湧く季節である。百姓暮らしを始めたばかりの頃は、土がやせているために虫害が多発した。出揃ったダイコンの芽が、一週間ほどのあいだに虫に食べ尽され、跡形もなく消えてしまったこともあった。そのときは「無農薬でできるのだろうか」と不安になったが、堆肥を入れて土を健康にしてゆけば、病害はもちろん虫害も確実に少なくなる。根の張りが悪いために何となく元気のない株に、虫は集中的についている。また堆肥が未完熟であったり、肥料を入れすぎた場合にも多発する。したがって施肥を正しくすれば虫害を恐れることはないが、それにしても収穫量を増やすために虫捕りをしないわけにはいかない。

キャベツなど葉菜につく青虫や夜盗虫やコナガは、見つけ次第捕りのぞく。青虫は明るい方に這うので捕りやすいが、夜盗虫は反対に奥に潜りこむので、割り箸や針金を使って葉を破らないように捕りだす。コナガは一度にたくさんの卵を産みつけるので、大きくなってからでは手の施しようがないが、卵のうちにまたは孵化したばかりで拡散していないうちに見つければ、手でしごいて潰せばよい。

ナスやトマトにはテントウムシダマシがつく。これはたいていジャガイモ畑で発生するので、ジャガイモの近くにナスやトマトを作らないようにする。ダマシは葉を葉脈だけにしてしまったり、実の表面を食って傷つけるので、収穫量にかなり影響する。それで徹底的に捕獲し、水を入れたビンの中に落としこむ。ピーマンやシシトウにつくカメムシも同じようにするとよい。

天道虫だましに生まれ死んだふり　次郎

ウリ科につくウリバエは捕獲するのは難しいが、「行燈《あんどん》づくり」が有効である。苗が小さいときに襲われると枯死するが、ビニール袋で作った行燈のなかまでは襲ってこない。そして蔓が伸びだしてからなら、株全体がやられることはないようである。キューリなどを連続してつくる場合は、遠く離すようにする。

厄介なのはダイコンやカブやハクサイなどにつくダイコンサルハムシと、ほとんどあらゆるものにつくアブラムシである。サルハムシは黒光りする硬い虫で、手で捕るのが難しいほど小さい。しかし大量発生すると畑全体を食い尽し、作物は葉脈だけになって枯死する。畑を荒らしておくと草の下を巣にして増えるようなので、草を生やしておかないことが大切であるが、近頃は周辺の畑が荒れ放題なので防ぐのは難しい。主にサルハムシ対策のために、わが家では数カ所に分けて作付けしている。

アブラムシも葉の裏側についたものをしごいて潰すぐらいで、決定的な対策はない。ソラマメやイチゴなどに大量発生したときは、古賀綱行氏の『自然農薬で防ぐ病気と害虫』に倣って、アセビの花や葉、マムシグサの茎などを煮出した液をかける。またトウガラシを焼酎につけた液や草木灰をかけることもある。これらは殺虫剤のように虫を全滅させることはできないが、嫌って逃げるので少しは効果がある。ソラマメはそれでどうにか収穫できるようになる。

ところで、近頃は草取りも虫捕りもしない「自然農法」がもてはやされ、「草や虫との共生」といった言葉に感動した人が、情緒的に百姓を志願してやってくる。

福岡正信氏や川口由一氏の自然農法は、彼らの長い体験から生まれた優れた技術であると思うが、彼らの意に反して、カントリーライフへの憧れと結びついて安易に流行しているようだ。百姓はやってみたい、しんどいことは嫌いという人には、「腹へったら、そこらへんにあるものを採って食うとりゃいい訳です。そして腹一杯になりゃ、ゴロッと寝てりゃいい。何もしなくても生きてゆけるんです」といった福岡氏の過激な言葉が、きわめて魅惑的に見える。たしかに、文字通りに食うだけならそれでよかろう。そして抜群の気力を持って質素に生きていた江戸時代の百姓たちなら、「食うだけ」で生きられよう。しかし工業社会で搾取者の歪んだ暮らしをしてきた私たちは、どんなに禁欲的な人でも彼らよりはまだぜいたくであって、自然農法では暮らしていけない。その結果、自然農法をやっている人のほとんどは、工業社会で生活費は稼いで、百姓は趣味的にやることになる。厳しい言い方をすれば、「自然農法」という言葉は、怠け者の言い訳になっているようにもみえる。

「共生」とは命のつながりを自覚して生きることであり、草や虫を殺さないことではない。人間でも他の動物でも命の糧《かて》は他の命であって、この命のつながりの自覚がなければ、命の世界は本来が地獄であろう。一本の草はたくさんの種をこぼし、その何割かが運よく芽を出し、発芽したものの何割かが運よく成長する。つまり一本の草はたくさんの命を犠牲にしてはじめて実りに達するのである。また言うまでもなく草食動物は毎日何百何千という草の命を食い、肉食動物はたくさんの動物を殺して食わなければ生きられない。弱肉強食の世界である。

しかしながら弱肉強食というのは、自他をつねに対立的に見る私たち人間に固有な悲しい判断である。人間のみが自我を構想し、自然（他）から身を引き離し、さまざまな物とその関係として世界を観るという認識の枠組を背負って、命のつながりを見失ってしまうのだ。（この問題は本書の主題から外れるので、ここでは論じない。関心のある方は拙著『ことばの無明』を参照されたい）

自他の対立を超克することなく、「共生」などと言っても、それは自ら手を下さないで生きている支配者たちの偽善にすぎない。人間が草や虫を殺さなくても、草や虫は何も喜ばない。肝心なのは、架空の自我に執着して無用な殺生を重ねている私たち人間が、本来の一つながりの命に目覚めることであろう。

それはもともと得がたい自覚であるが、屠殺などの悲しい仕事をもっぱら他者に押しつけて、生活から遠ざけようとする工業社会では、いよいよ困難になっている。命にすらめったに出会わない社会で、どうして一つながりの命に出会うことができようか。

あるいはこう言ってもよいだろう。まずはじめに人間同士の自立的な暮らしがなくて、草や虫との共生などと言っても仕方がない。他者の労働を収奪するのでなく、自前の力で生きるとき、人は誰しも草を取り虫を殺さなければならない。百姓たちが昔からやってきたように、毎年毎年何千という虫を殺し何万という草の命を絶たなければならない。その悲しみのなかで、私たちははじめて一つながりの命に出会うのである。そして無益な殺生はしたくないと思う。また欲望を小さくして、できるだけ殺生をすることなく生きられるように、己れを鍛えようとする。そういうことを離れて「共生」もないであろう。

この微妙な問題について私の真意を解っていただくために、ガンジーの言葉を引用しておこう。ガンジーはジャイナ教徒の「不殺生」が形式的な行為に堕していることを批判して次のように言っている。

「わたしの言う非暴力とは、ただたんに、すべての生き物に対して親切であるということではない。ジャイナ教では、人間以外の生命の神聖を強調するのはよくわかる。けれどもそれは、人間の生命に先行して、そうしたものの生命をいつくしむように教えたものではない。それらの生命の神聖について書いているうちも、人間の生命の神聖については、いわずもがなのことだと、わたしは考えている。前者があまりにも強調されすぎてきたのである。そして、その考えを実行に移す場合、本来の発想が歪められてきている。たとえば蟻に餌をやることで満足しきっている人たちが多い。そこでは理論が生命の通わぬばかげた教条になってしまっているらしい。偽善と歪曲が、宗教の名のもとに罷り通っているのである。

……（中略）……

もしわたしが開拓農夫になってジャングルに留まりたければ、自分の畠を護るために、必要最低限の暴力を用いなければならないだろう。わたしは、わたしの穀物を食い荒らす猿や、鳥や、虫を殺さなければならない。自分で殺生をしたくなければだれかを雇って、わたしに代わってそれをさせなければならない。けれども、いずれの場合も五十歩百歩である。国家が飢饉に見舞われているときに、非暴力の名において動物たちに穀物を荒らさせておくのは明らかに罪である。善悪は、相対的な意味をもつ言葉である。ある条件のもとで善であることが、違った条件のもとでは悪にも罪にもなるものである。」（『わたしの非暴力』森本達雄訳）

前段の「ジャイナ教」と「宗教」を「自然農法」に、また後段の「国家が」を「富を収奪される国々が」に置き換えると、私たちが今問題にしていることへの回答となろう。そうした関係が見えずに「草や虫との共生」を言っても偽善と言うほかはない。

畦塗りを了え、水を引き入れた田んぼは、代掻きをしていよいよ田植えである。代掻きはできるならやらない方が根の張りがよく、しっかりした株になるようだが、わが家の田んぼのような土手の高い棚田ではやらないわけにはいかない。代掻きは田植えの作業を容易にするだけでなく、土の隙き間に泥を詰めて水漏れを防ぐ目的もあるからである。

代掻きの進みし幅の照りかへし　　次郎

稲刈りは少しずつやることもできるが、田植えはできるだけすみやかにやらないと、収穫に影響する。ぐずぐずしていると苗が老化して黄ばんでしまう。そうなると分けつが悪くなる。

田植えが機械化される前は、周知のように「結《ゆい》」の組織があり、近所の百姓たちが協働して次々に片づけていったわけであるが、今日ではそれもない。大苗を手植えしているわが家では、友人知人の応援を頼み、おおかたは一日で片づけている。

前日に苗取りをする。苗取りは指や腰が痛くなるかなりの重労働であるが、良い苗を作るには仕方がない。

田植えは畝幅四〇センチ、株間約二〇センチの「並木植え」で、一本植えである。近くの老農に習った方法は、もっと密植で一カ所にも三本から五本植えであった。日照時間が短かく水も冷たい谷津田では、分けつが少ないので密植でないと収量があがらないということだった。

数年前に高松修氏の助言を得て、疎植一本植え（これが前述の黒沢浄氏の稲づくりでもあった）にしたところ、稲が生き生きと成長していくので驚いた。考えてみれば、同じ場所に三本も四本も植えては、どんな植物だって萎縮してしまう。その年は全体の株数が少なすぎて収量は増えなかったが、田んぼの条件に合わせて株数を増やす工夫をすれば収量も増える。何よりも病害に強く稲がのびのび育つのが気持ちがよい。それで「土地の老農に学ぶ」という原則に反するが、以後はずっと一本植えにしている。

田植えが済めば、その後二〇日間ぐらいは水の管理だけで、田んぼの仕事は一段落する。

田植え後一カ月ぐらいまでに一回、梅雨明け前の七月上旬に一回、田の草取りをする。

二反歩の草取りに妻と二人で一週間を要し、合わせて二週間は田の草取りに費やすことになる。田の草は大きくしてしまうととりわけ何倍もたいへんになるので、まだ小さいうちに水を落としててていねいに取る。老農には「株元を七回掻く」と習った。腰は痛いが、きれいな空気と水のなかでのんびりやれば、気持ちのよい作業でもある。毎日続くと辛くなるので、私たちは畑仕事と交替に一日おきに行なっている。

田んぼの仕事としては、そのほか稲刈りまでに三回畦草刈りをする。草刈り機を用いるが、畦が長く土手が高いので一日では了らない。わが家の谷津田にはマムシがおり、畦草刈りのときなどに毎年のように出会う。はじめの頃は驚いたが、慣れてくればマムシも恐れることはない。うっかり素手で触れると咬まれるようだが、出会ってもまずじっとしている。鎌などで首を押さえて始末することができる。

小麦の穫り入れ、ネギの移植、ダイズやアズキの種蒔き、堆肥の積み込み、そしてもちろんさまざまな夏野菜の管理と収穫など、夏の仕事は他にもいろいろある。ここにすべてを書くわけにはいかないが、夏の仕事は梅雨明けまでが勝負である。というのは、梅雨が明けると日中は猛暑でとてもできないので、暮らしのリズムをがらりと変えなければならない。約一カ月は早朝五時頃から八時頃までと、夕方三時頃から日没までが労働時間となり、日中は休む。春からの疲れがたまってきているので、ちょうどよい休息（「これが本来の夏休みなんだな」と百姓暮らしをするようになってはじめて気がついた）になるが、それまでに必要な仕事を片づけておかないと、炎天下で辛い労働をしなければならないことにもなる。

手拭いをとりつゝ畑の片蔭へ　　陽子

(二)

五月の連休はどこの家でも田植えをしており、辺りの景色がみるみる変化していきます。しかし、わが家の田植えはまわりの農家より遅く、まだ苗床の草取りや本田作りの最中です。この時期は、田んぼばかりに手をかけてもいられません。きょう田の仕事をしたなら、明日は畑の仕事を進め、間に合わない仕事ができれば畑と田に別れてする、ということになります。

それでも小カブの間引きを遅らせてしまったり、初期成育が大切なニンジンの草取りや土寄せをのびのびにして育ちを悪くしてしまったこともありました。はじめの頃は、そんなことになると焦って苛立ったものです。

最近は、とりあえず空いた畑の草取りを省略しておいたり、薹《とう》立ちしていまにも倒れそうな菜の花などは見て見ぬふりをして後回しにしています。手を抜いておいてもだいじょうぶなことと、手をかけなければいけないこととの判断を誤らなければ、労力的にずっと楽にできるのでした。

田植えの前は、「田植えさえ終ればこの忙しさも一段落」という思いで、その日に向かって登りつめていくような日々となります。毎年のことながら、一日があっという間に終ってしまいます。

夕方、田んぼの帰りに畑に寄ると、いつの間にかイチゴが赤らんでいます。キヌサヤの花も盛りでハチが飛び交い、キャベツは青虫で穴だらけです。青虫を捕り、十粒ほどのイチゴと一握りのサヤエンドウを収穫。葉物ばかりのおかずが続いているので、初物をいただく感激はひとしおです。「おいしい！」と思わず言葉が出て、背筋の伸びる思いです。

田植えは数人の方にお手伝いしていただくので、苗取りが一段落するとわたしは食事の準備をします。昔は「結《ゆい》」で行なわれた田植えが全部終ってからの「早苗饗《さなぶり》」に振る舞いをしたようですが、わが家では当日の夕食を「ハレの日」の食事として用意するようにしています。

特別にカツオやイカ、イワシなどを買っておきます。また「ハレの日」には赤飯を炊くのがならわしですが、代わりにぼたもちを作りお祝いの一品とします。そのほかには、新タマネギ、ダイコン、エシャロット、キャベツ、サラダ菜、レタス。わずかですがサヤエンドウやアスパラガス、小カブ、あれば切り干しダイコンやイモガラ、ダイズなどを使った料理を考えます。

ある年の早苗饗の献立は次のようでした。

小昼　ぼたもち（アズキ、キナコ、黒ゴマ）
　　　漬け物（ダイコン）
昼食　菜飯の握り飯（ダイコンの葉）
　　　カツオの煮付け（サンショウの葉）
　　　だし巻き玉子
　　　切り干しダイコンの煮物（油揚、葛）
　　　ベンリナのごま和え

サヤインゲンの天ぷら
漬け物（小カブ）

夕食　お造り（カツオ、イカ）
ぬた（イカの足、小ネギ）
タマネギの丸煮（ダシ、塩味で一〜二時間煮込んだもの）
イワシの巻き揚げ（ダイコンおろし、酢じょう油で）
ダイズの揚げ煮
フキの煮物
擬せい豆腐
シャクシナとダイコンの炊いたの（シャクシナは大きくなっているので、茎から縦に裂いて束ね、油揚で巻く）
サラダ（レタス、アスパラガス、赤カブ、クレソンなどで）
エシャロット（みそを付けて）
吸い物（ハマグリと木の芽）
イチゴ

昼食はおひつや重箱に詰め、お茶碗、皿も運んで田んぼで召しあがってもらいます。畑とちがって小川が近くにあり、手足が洗えます。側を通る人も車もない淋しいところですが、その日はにわかににぎわいます。

わたしは家に居ますので、雨が降ってきたりすると心配になり、帰りが遅いと気が気ではありません。みなさん目一杯働いて、泥だらけになって帰ってきますので、次々にお風呂に入っていただき夕食にします。毎年見える人に、今年はじめて参加した大学生たちを交え、話題の尽きない会食となります。昼の疲れも忘れて夜遅くなるまで語り合って帰られます。

次の日は植えた苗を見に行き、深植えや浮き苗を直します。つづいて苗代田の代掻きをして、最後の田植えを終らせます。

すべて終って、田んぼのいちばん上から見降ろすと、どうにかこの季節を乗り越えられたという思いになります。一本植えの大きな苗が風に揺らいでいる姿は気持ちの良いものです。

早苗田に降りし白鷺遠きかな　陽子

六月に入るとサヤエンドウ、キャベツ、レタスなどの収穫や夏野菜の手入れ、田畑の草取りに追われます。収穫する量も多くなり、一日の出荷高が四月の半月分に等しいほどになって驚いたこともありました。

梅雨入り前までにカリフラワーやブロッコリー、レタスの収穫を終らせるようにします。カリフラワーやブロッコリーは本来の旬は秋から冬ですが、ビニールを使って苗作りをすると夏穫りもできるため作っています。しかし冬穫りのように小ぶりで実のしまったものはできません。会員制の直販では、一度にまとめて出荷できませんから、残っているものが次々に大きくなり、花が咲いてしまったり虫になめられたり雨に打たれて腐ったりして、無駄にしてしまうことも多い野菜です。

ある日、青果市場のカリフラワーを見学したことがありました。ダンボール箱にきちんと並べられたカリフラワーは一つ一つがほとんど同じ大きさで、虫などがついたようすはありません。「きれい」なのですが、家の畑のものと比べるとどれも無気味に白いことと、同じ大きさにできていることに驚きました。農場の野菜は大きさも形もいろいろです。

しかし、ものは考えようで、思いがけない素材に出会え、楽しい料理ができると思っています。たとえば、大きく育ち過ぎた葉物は茎と葉に分けて調理法を変えたりすると、茎の部分のおいしさがわかります。ホーレンソウならば茎は炒めてゴマみそ味にしたり、ゆでてドレッシング和えに。ワカメやうす焼玉子の千切りなどをまぶしたサラダもきれいです。葉のほうは、葉先は汁物の実。中の部分はゆでて小さめに切り、のりや納豆、ゴマなどの和え物。凝ったものでは葉の部分だけをゆで、裏ごししたものを豆腐、白身の魚のすり身、卵白と混ぜ、型に入れて蒸し物に。また、裏ごししたものと木の芽をすって混ぜ、田楽みそにして使います。

丈の長くなった青菜ははじめから細かく刻み、木綿の袋に入れて糠漬けなどに。小粒な新ジャガイモはそればかり集めて皮ごと油で揚げます。もちろんゆでてもよく、かつお節をかいてしょう油でからめたり、ときには串に刺してみそを付けていただきます。

皮の硬くなってしまったサヤエンドウは、さやからはずし塩豆のおつまみや、カニタマではなくマメタマに。捨ててしまいそうな茎立ちしたダイコンの葉の芯をお飾りに。そのほか割れた小カブのポタージュ、親指ほどの間引きニンジンのグラッセ（葉も刻んで。砂糖は入れません）など、お店ではけっして買えない愛しい野菜の料理です。これも自給自足だからこそ得られる豊かさでしょう。

梅雨に入っても「晴耕雨読」というわけにはいきません。小麦の収穫があるうえ、高温多湿は植物の好むところですから、作物も草も元気旺盛です。

梅雨の晴れ間は小麦刈り日和。束ねて稲架に掛けるころにはすでに暗くなっていることもしばしばです。どちらともなく「終ったねえ」と言葉が出ます。刈っている途中に雨に降られずによかったという気持ちです。

小麦を稲架に干してあるのに雨が降り続き、いつまで経っても脱穀ができない苛立ちも経験します。そんなふうにしてやっとのことで脱穀を終え、筵に干して乾かします。

小麦は粉にする前に水で洗い、もう一度筵に干します。手にさらさらと伝わる小麦の粒は冷ややかですが、粉まみれになって製粉していると、あたたかい陽の香ばしさが漂ってきます。農林六十一号という品種ですから主にうどんにしていただきます。少々色のついた自家製粉めんの味は格別です。

出荷は朝採りと決まっていますので、出荷の日は雨でも合羽を着て畑に出ます。また少しぐらいの雨ならば寄せ刈りや田の草取りもしなくてはなりません。草取りは梅雨明け前の仕事として終らせておかなければなりませんから。

「百姓に草取りがなかったらどんなに楽だろうねぇ」と年老いた農婦が呟いたのを聞いたことがありました。わたしも思わず頷いたのですが、同時に百姓の覚悟を改めて問われたように思ったのでした。

自転車を畦にねかせて田草取　　陽子

大雨の日は田んぼに入る水を止めて、沢へ逃がさないと濁流になって谷津田の土手を越えてしまいます。水の管理には出かけますが、さすがに仕事は休みます。大雨は毎日続く労働の合い間に休息をもたらしてくれます。わたしたちにとっては、雑用を片付ける日です。忙しさにかまけてできなかった買い物や支払いに廻ったり、手紙の返事を書いたりします。

町に行って偶然知り合いに出会うと、「きょうは神ごとですね」と挨拶されることがあります。暦どおりの祝祭日ではなく、自然が与えてくれた休みのことも「神ごと」と言うわけです。あくせくとしていた気持ちが少しゆったりとするような言葉です。

梅雨が明ければ、夏野菜が一気に盛りになります。夏野菜は果菜が多く、料理も簡単でおいしくいただけるのがうれしいことです。トマトやキュウリは穫りたてを生で食べるのがいちばんおいしい。とくにトマトやスイカを畑で作業中に食べることができるのは喜びです。朝穫りの収穫作業のあとトウモロコシをもぎって帰り、すぐにゆでて朝食にいただくのも格別です。

また、盛りのトマトは熟しすぎのも出てくるので、それらはジュースにしたりピューレにして保存します。暑い日の飲み物は、トマトを煮てジュースにしたものや昨年の六月に作っておいた梅ジュースで、清涼飲料水などを買って飲むことはありません。畑や田んぼへは水や麦茶を持って出ます。

昔の農家の夏の日の食事を調べてみると、ナス、キューリ、ウリをよく食べ、その他の野菜はほとんど食べていなかったようです。わたしたちの夏の暮らしでもたくさん食べるのは、なんといってもナスです。三度の食事に必ず食べているといってよいでしょう。朝穫ったばかりのナスは、紫というよりは黒くつややかで、とても美しく思います。「ナスには栄養がない」というのが通説ですが、わたしは「栄養」よりももっとよいものが含まれていると信じ、畑にあれば霜の降りるまでいただいてしまいます。

焼いてよし、煮てよし、ゆでても蒸しても揚げてもよい。食べ方も、同じ料理を熱々でいただいても冷たくしてもおいしく、自由自在なところが魅力です。夏中そうして食べていても、とても食べ切れない収穫の日々があります。そういうときは塩漬け、糠漬け、柴漬けなどの漬け物にしますが、残りは虫になめられたものといっしょに切って鶏に食べさせます。他にくずのトマトやスイカ、キューリ、ウリ、カボチャなども鶏はよろこんで食べてくれますので、無駄はありません。鶏も旬のものを食べて健康です。

夏の暑い日はたいてい、早朝から八時ごろまで草取りや野菜の手入れなどの作業をしてから朝食をとります。出荷の日は収穫を済ませてから朝食とし、九時ごろから出荷の作業です。トマト、ナス、ピーマンなど十種類ぐらいの野菜を次々に計り、決められた分量に包み、または袋に詰め、ひとまとめにしてコンテナに入れます。よくできたものを入れるときにはうれしくなりますが、ときにはできのよくないものを入れることもあります。何十種類も作っていますと、かならず天候に合わないものや病虫害にやられるものがでてきます。「こんなものしかできなくて申し訳ないけれど、まったくないよりはましと思ってがまんしてください」と思いながら包むことになります。

暑い日が続くと、昼食はどうしてもさっぱりとしたのど越しのよいものになって、ソーメンや冷やしうどんの日が多くなりますが、夏野菜のたくさん入ったカレーが作れるのも夏だからこそです。

わが家のカレーは肉の入らない野菜カレーで、材料はニンニク、タマネギ、ニンジン、ジャガイモ、ナス、ピーマン、トマト、サヤインゲン、オクラなど、そのときある野菜をすべて使います。ダシは、昆布、煮干し、かつお節で濃い目にとります。最近はカレー用の香辛料を組み合わせて売っているので、それを使ったり、「カレー粉」と小麦粉を炒め、ダシで伸ばしたものにタマネギやニンジンをすりおろして入れます。

午後は昼寝を少し、また短い時間でできる衣服の繕い、雑巾作り、製粉などをして気分転換です。そして三時ごろからふたたび畑へ出て、夕方帰ります。帰ると鶏の世話や片付けものがあります。

洗ひ物隅にたゝまれ夏座敷　　　陽子

夕食は、たくさん穫れている野菜の料理が多くなります。去年のような雨の少ない猛暑の夏にはサヤインゲンはほとんど実りませんでしたが、雨の多い冷夏の年には朝のみそ汁、昼のサラダ、夜の煮物、和え物、天ぷらにとたくさんおいしくいただきました。考えてみると、旱りの夏にはさほどサヤインゲンを食べたいということもなかったように思います。その代わりキューリなどをよく食べ、畑になくなってからも、キューリが恋しいほどでした。やはり天候と食べ物と身体は一体という気がします。

夕食の支度をしながら洗濯をします。洗濯ができるのは夜か、雨の降った日にかぎり、二日おきにするようにしています。それでも汗にまみれた作業着を日に何度も替えるので、二人分の洗濯物は物干しがしなうほどの量です。

わが家の田んぼは谷津田で家庭用排水などは流れ込みませんが、わたしたちの暮らしから流れていく汚水が他の人の田を汚していることもあるわけです。他人を犯し、自分たちだけきれいな物を食べていることは、自給自足の義に反することですから、水を汚さない暮らしを心掛けています。洗濯にはもちろん粉石けんを、できるだけ少な目に使います。米の研ぎ汁、汚れた油、どうしても残ってしまう汁物などは野菜屑といっしょにボールに受けておいて堆肥小屋へ、そこには入れられない漬け物の糠や残り屑は穴を掘って埋め、鍋や器もぼろ布や新聞紙、野菜屑などで拭き取り、最低限の汚れを固形石けんで洗うようにしています。

穫れたての旬の野菜を食べ、洗濯に洗濯を重ねた生地の薄くなった服を着て、思いきり汗をかき、生きるのに精いっぱいな夏ですが、労働のあと開け放たれた涼やかな家に居れば、「夏は夕暮」の言葉どおり心地よいものです。

涼しさや闇の奥より牛の声　　次郎

第八章●秋の暮らし

㈠

盆を過ぎると猛暑もさすがに柔らいでくる。日中は全身汗まみれの作業になるが、もう耐えがたいほどではない。秋冬野菜の畑の準備や種蒔きが始まるので、のんびりしてはいられない。夏休みは終りである。

秋は収穫の季節というのが、町の人の持つイメージだろう。それは誤りではないが、自給自足の百姓暮らしでは、秋は春に匹敵する種蒔きの季節でもある。

秋冬野菜は種蒔きの時期が限られているものが多い。残暑厳しい時節から霜の降る頃にかけて栽培するので、播種が早いと成長はよいが病虫害にやられやすいし、反対に遅いと大きくなれずに終ってしまう。この辺りでは、ダイコンやハクサイは九月の第一週が最適である。運悪くその頃に雨がないと、種を蒔いても芽が出ない。じっと我慢して十日まで待っても雨が降らなければ、畑に水を撒いて種を蒔く。そんなときはたいへんな作業になってしまう。

もっとも一口に秋冬野菜といっても、成育期間がさまざまなので、播種期もさまざまである。セロリや芽キャベツはすでに六月に蒔いている。七月上旬には晩生のダイズやアズキを蒔き、次いでキャベツ、カリフラワー、ブロッコリー、さらにニンジンと続く。また八月のお盆の頃を目安に秋ソバを蒔き、来年の夏に収穫するラッキョウを植えつける。この辺りでは、「ラッキョウは盆の十六日に蒔くと十六個穫れる」と言って、植えつけの適期を教えている。

ピークは九月の上旬である。まずダイコン、カブ、ハクサイのほか、大株にする京菜やミブ菜、秋の第一弾の小カブ、ホーレンソウ、コマツナ、アブラナ、サラダナなどを蒔き、次いでタマネギやネギを苗床に蒔く。ポットで育てたキャベツなどの苗を定植するのもこの頃である。セロリは暑さに弱いので、定植後十月上旬までは寒冷紗をかけてやる。

九月下旬から十月上旬にかけては稲刈りと脱穀の仕事があるが、それが終ると休む間もなく冬越し野菜の種蒔きとなる。二年子ダイコン、ホーレンソウ、アブラナ、キャベツ、ニンニクなどである。また八月上旬にランナーを取って仮植したイチゴも、この頃に定植する。つづいて十一月上旬に小麦とエンドウ豆、ソラ豆を蒔いて、やっと年内の種蒔きが終了する。

種袋鈴振るやうに振られけり　　陽子

こうしてみると二月下旬から十一月上旬まで、ひっきりなしに何かの種を蒔いていることが分かる。昔の百姓たちはこんなにさまざまな種は蒔かなかったろうが、そのかわり食卓も質素だったことだろう。自給自足の食卓をできるだけ豊かにするためには、ほとんど「作れるときならいつでも」種を蒔かなければならない。そして言うまでもなく、ただ種を蒔くだけではおいしいものはできないし、土地を疲弊させる略奪農業になってしまうから、種蒔きに間に合うように土作りをしなければならない。四月に種蒔くためには遅くとも年末までに堆肥を積み、三、四回は切り返して完熟させ、半月前には畑に撒布して耕す。九月に種蒔くためには五月末には堆肥を積む。（もちろん冬のあいだに一年分の堆肥を作っておいてもいいわけであるが、機械力に頼らないとすれば、なかなか難しい）

百種類の作物をつくるから百姓という説もあるそうだ。百種類とまではいかずとも、多くの作物をつぎつぎにつくる百姓暮らしの難しさは、個々の作物に応じた栽培技術を身につけることよりも、この年間のローテーションを体で憶えることである。

次に収穫の話に移ろう。ほとんどの植物は春に芽を出し、夏には自分の体つまり葉や茎をつくり、秋になると子孫を残すために実をつける。したがって私たちは主に春には芽を食べ、夏は大きく育った植物の体を食べ、秋には果菜や穀物を収穫することになる。

すでに述べたようにナス、トマトなどの夏の果菜は、温床で育苗して収穫期を早めるので、七月後半がピークであるが、追肥、灌水、枝の切りもどしなどの手入れをよくすれば、九月の末まで収穫できる。また五月に蒔いたものは九月前半がピークで、十月の末まで収穫できる。キューリは収穫期間が短いので何回も蒔くが、この辺りでは八月上旬に蒔いて十月中旬まで実るものが最後である。百姓暮らしでは多収穫よりも「細く長く」収穫できるようにする工夫が大切である。

実りの秋の中心は言うまでもなく米の収穫である。夏の天候次第で多少のずれがあるが、コシヒカリなら例年九月の末頃が稲刈りとなる。

稲刈り前のわが谷津田にはイノシシが出没する。イノシシは畦際の稲穂を口でしごいて食べるだけでなく、田んぼのなかを縦横に踏み荒らし、稲を倒して食べる。稲はグシャグシャに倒されるので、残ったものを刈り集めるのも容易ではない。ときには数畝歩に及ぶこともあり、被害甚大である。猪垣だの案山子だの点滅灯だのいろいろやってみたが、これといった決め手がない。土地の人が昔からやっているのは、犬などの毛を網袋に入れて所々に吊り下げておく方法である。臭いに敏感なイノシシが、犬の臭いを恐れて近寄らないのであるが、これも万全とは言いがたい。

雀の被害も無視できない。ひどいときは一割に達すると言う人もいる。雀に対しては案山子、目玉のハリ形、防鳥テープ、防鳥糸などの対策があるが、毎年同じやり方だと雀の方が慣れて効果が低くなるようである。

稲刈りは田植えのように急を要する作業ではないが、わが家では田植えを手伝ってもらった友人たちにまたお願いし、「収穫祭」をかねて楽しくやっている。鎌で手刈りし、すぐった藁で束ねて稲架《はざ》に掛ける。昼まではもっぱら刈り取り、午後からそれを束ねて掛けると、ちょうど一日の仕事となる。

被りもの見え隠れして稲刈女　　陽子

稲架に掛けて一週間から十日干した稲を家に運び、自動脱穀機で脱穀する。自動脱穀機はハーベスターが登場する前に使われていた道具で、発動機とベルトでつないで足踏み脱穀機を動力で回転させるようにしたものである。

足踏み脱穀機は、言うまでもなく足でペダルを踏んでドラムを回転させ、両手で握った稲束をそのドラムに押しあてて脱粒する。したがって、ペダルを踏む足と稲束を支える手とに力が入って疲れがたまる。一日中ペダルを踏むと、膝はガクガクと笑うようになり、指は突き指をしたように痛い。自動脱穀機では足の仕事がなくなり、それだけで二度と足踏みに戻れないほど楽になるが、稲束を両手でしっかり握っていなければならないのは、足踏みと同じである。一日の仕事量も足踏みとほとんど変わらず、二反歩の稲を脱穀するのに妻と二人で三日かかる。

脱穀したモミ米は、天気のよい日に筵に広げて天日乾燥する。ビニールシートでも干せないことはないが、筵の方が具合がよい。筵に広げたモミ米は、昼頃に一度ひっくり返し、陽の傾き始める三時頃には筵ごと三つにたたんでしまう。それを夕方取りこむのであるが、筵が暖められているので、たたんだ後も乾燥が進むのである。このようにして二、三日干したもの（水分が十三、四パーセントになっている）を、わが家では大きな貯蔵缶に入れて保存している。

つづいてソバやダイズやアズキを収穫する。ソバは畑に置きすぎると脱粒して落下してしまうので、最上部の実がまだ青いうちに刈り取る。ダイズは反対で、葉がすっかり枯れ落ちてから刈り、充分乾燥させてからくるり棒や砧《きぬた》で打って脱粒する。このとき午前中は湿気を帯びて莢《さや》が割れにくいので、必ず午後に作業する。

アズキは株全体を一度に収穫できない。莢が茶色に実ったものから順に摘み取って筵に干し、手で脱粒している。「豆はマメマメしくないと穫れない」と言われるが、それが実感される作物である。

このように穀物や豆の収穫にはずいぶん手がかかる。米作りの場合機械を駆使する近代農法なら、コンバインで収穫して翌日には白米になっているが、わが家のやり方だと天候に恵まれても稲刈りから二十日ほどかかる。

私たちが機械をなるべく使わないようにしている理由は、すでに第一部で述べてきた。

――機械文明は長年にわたる莫大な富や労働の収奪の結果、はじめて生まれたものである。機械は富を産むのでなく、つねに富を集めるために働く。富を収奪しない機械はぜいたく品で、支配者しか持つことができない。機械文明には永続性がなく、未来の人々は文明の断絶に苦しむことになる。機械を使えば結局まがいものしかできない、などである。これらを頭で理解することは難しくないが、いざ実践するとなると昔のやり方には気力や体力がついていかない。それで、「どうして技術の進歩を拒否するのか？」「同じように石油を消費するのなら、テーラーの発動機だって、コンバインだってたいして違わない。好き好んでしんどいことをする必要はない」「歴史を戻すことはできない。人間は可能になった便利な技術を使わないことはできない」などと言う人もいる。

これは百姓暮らしができるか否かの要《かなめ》であるから、もう少し別の視点からこの問題について考えてみよう。

自動脱穀機も、足踏み脱穀機でやっている私たちの姿を「見かねて」、村の友人がどこからか見つけてプレゼントしてくれたものであるが、近頃はほとんどの農家でコンバインを導入し、ハーベスターを使わなくなったので、それをくれると言う人もいる。気持ちはありがたいが、謝してお断りしている。

人の欲望には限りがない。ある欲望を満たしたとき、私たちは束の間の幸福を味わうが、その状態はすぐに「あたりまえの状態」になって、幸福感は色あせてしまう。チルチルとミチルが探し求める青い鳥が、やっとつかまえたと思うとすぐに色が変わったり死んでしまうように。

これはお金や物への欲望、名声や権力への欲望についても言えるが、怠惰な暮らしへの欲望についても言えるのである。

自動脱穀機をくれると言われたとき、私はそのことを考えないではなかった。だが、すでに家まで運んできてあるという友人の厚意を拒否したくなかったので（あるいは、断ったときに彼が不愉快になるのを恐れて）、私はとっさに自分を説得する言い訳を考えた。「私たちはすでに妥協をして耕耘機を使っている。それを放棄して鍬で耕すのは、これからもきっと困難だろう。この自動脱穀機は耕耘機の動力を使うのだから、見方によっては足踏み脱穀機を改良した『道具』のようなものだ。これまでなら受け入れてもよいのではないか」と。

痛い足が楽になり、唐箕にかける手間が省かれたので、私たちは束の間の幸福を味わった。しかしそれはすぐに私たちにとっての「あたりまえの状態」になり、足踏み脱穀機には二度と戻れない衰えた気力だけが残ったのである。

日本では大昔は「扱《こ》き箸」というものを使って脱穀していたが、鎌倉時代あたりから「千歯扱き」に変わり、昭和まで長いこと千歯の時代がつづく。足踏み脱穀機が登場してからも、戦前までは精農家は千歯を使っていたという。米を傷つけないし、扱き残しがなく完全に収穫できるからである。

言うまでもなく、扱き箸を使っていた人々には、それが「あたりまえの状態」であって、千歯に変わった過渡期の人々だけが束の間の幸福を味わい、また千歯を使う人々の「あたりまえの状態」があったのである。扱き箸や千歯を使っていた時代の人々が、そのこと自体のために不幸だったことはない。

反対にコンバインの作業が「あたりまえ」になってしまえば、ハーベスターでも能率の悪いしんどい仕事になる。コンバインに切り換えた農民は、まずたいていはハーベスターには戻れないのである。ついでに言えば、この心理を利用して、農機メーカーが次々に改良型を売りこみ、農民はいわゆる機械化貧乏の状態に追いこまれていったのである。

この誘惑に立ち向かうには、それぞれの人が働くことの意味や、時間を短縮することの意味を考えてみるほかはないだろう。「人が生きるということは、どういうことか」を根本から考えてみる必要があろう。

今の日本人の意識調査をすると、多くの人が「豊かで幸せになった」と答えるそうだが、これは子どもたちにはあてはまらない。私たちより上の世代は、戦中戦後にみな貧しいひもじい生活を経験している。そこから生活の程度がずっと上昇してきたので、中高年者はみな「幸せになった」と考える。ところが子どもたちにとっては、物がたくさんあるのは生まれたときから「あたりまえ」なので、今の状態もけっしてそれ自体が幸せではない。

逆のことも言える。数年前にインドを旅したことがあるが、カルカッタには路上生活の子たち、いわゆるストリート・チルドレンがたくさんいた。ボロボロに破れた服を着ていたり、素っ裸だったりで、おもちゃ一つ持っているわけではない。小銭をねだって、あるいはただ暇つぶしのために、外国人旅行者のあとにぞろぞろとついてくる。私といっしょに旅したお年寄は、

「かわいそうに。日本の子どもらは幸せだね」と言っていたが、私はむしろ子どもたちがみな明るい顔をしているのに感動した。日本の老人の価値観からすれば不幸かもしれないが、彼の感性は普遍的なものではない。どんなに貧しくともそのこと自体は不幸ではなく、「あたりまえ」として受け入れているのが子どもたちである。

話がだいぶそれてしまった。収穫の話に戻ることにしよう。

とりわけ楽しいのは果物の収穫である。味の品種改良ばかり追求されてきた果物は、無

農薬では作りずらいものが多く、四畝歩ほどのわが家の果樹園の成績はあまりよくない。リンゴやブドウは病虫害にやられ、何とか育った実もカラスなどに食べられて、私たちの口にはほとんど入らない。それでもクリ、カキ、キーウィ、イチヂクなどは、あまり手をかけないのに毎年実をつけてくれる。野菜や穀物も、指でつまむのも難しい小さな種が地に落ちて芽を出し、葉を茂らせ、実りに達するのを見ると、ただただ不思議で、とても自分が作ったなどとは思えない。「天からの恵みもの」とありがたくいただくのであるが、種を蒔かないでいただく果物はとくにその感じが強い。

これは百姓の誰もが持つ感情で、畑にできた野菜や果物は、気前よくあげたりもらったりする。お金で買ったものではそうはいかないから、やはりみな心のどこかで「天の恵み」という思いを抱いているのであろう。

菓子箱の卵を柿の返礼に　　次郎

(二)

お盆休みが終ると、畑の仕事は冬への準備です。まず小麦やジャガイモやタマネギなど収穫の終った畑の草を取り、堆肥を入れて耕していきます。秋の野菜の種蒔きが遅れるとてきめんに成長が悪くなってしまい、冬を越せないことになりかねません。適期に種を蒔いておけば一安心というところです。

ダイコン、小カブ、菜類は、ある日気がつくとぞっくりと双葉になっていて、喜こびを与えてくれます。しかし、その安心もつかの間、数日経つと虫に喰われはじめた本葉が立ち並んでいることもたびたび。小カブは虫に喰われると玉のほうもよく育ちません。葉がきれいに育つことによって、根茎も美しくおいしいものになります。ですから、虫の被害のひどい畑を避けて種を蒔くようにします。虫は春先から秋にかけて次第に多くなるので、秋野菜はとくに注意を要します。

同じ頃苗を作ってあるキャベツ類の定植があります。一本一本の苗を植えていくのは、種を蒔くときとはちがった思いがあります。りっぱに育った苗が、植えたとたんに台風で根元を折られたり葉がちぎられてしまったり、また夜盗虫に根元を切られたり、旱ばつで枯れてしまったりします。ですから植えながらも、ひとつひとつの株のそれぞれの運命のようなものを想像して、思いを込めてしまいます。

秋うらら五反に野菜少しづつ　次郎

春もそうでしたが、集中的に種を蒔いたり植えたりする時期は、食べる野菜が乏しくなるときです。しかし工夫すれば夏野菜の収穫を引きのばすことができるので春ほどではありません。またサツマイモ、ズイキ、ショウガ、エダマメ、ゴボウなど秋の走りの野菜も出てくるようになります。そしてエダマメごはん、ショウガ飯、栗飯、サツマイモごはんなど、暑い夏には食べたいと思えなかったごはん料理がおいしくなるように思います。

お月見には洗いあげたサツマイモを供えますが、一昔前のサツマイモの自家消費量はおどろくほどたくさんでした。主食の増量材として日常食であったようです。その点わたしたちの生活では比べものにならないくらい少なくなりました。

近年ではサツマイモも栗もおやつとして食べることもまれのようです。サツマイモを蒸《ふ》かしたり栗をむく手間のせいであったり、お腹がそれほど空いていないせいでもあるでしょうが、暮らしの環境の変化も理由の一つでしょう。

わたしたちが子供の頃は晩秋の乾いた空気のもとで、焚火を囲みヤキイモを作りました。それがとてもおいしかったのは、サツマイモの焼き方として理にかなっていることだけでなく、自然のなかで食べたからでもあるわけです。コンクリートのマンションで電子レンジで焼いたヤキイモを食べてもおいしいわけがありません。

たまに都会に出て、フランス料理や中華料理などを食べることがあります。きらびやかなお店で、わが家とはずいぶん違った食材と味つけ。いつもの食味と異なるせいか、わたしたちの舌はその変化に「ある美味しさ」を感じ、一時的に楽しませてくれます。それでもどうしたことか、その料理店の出口を出る頃には虚しく感じ、帰る途中では食べたことへの後悔の思いで重苦しい胸のつかえを感じることもたびたびです。

一方、食べ物の少なくなった端境期には、食卓にわずかずつ寄せ集めたような料理しか並べられなくても、食べられることへの感謝や喜こびの思いを強くします。

こうした二つの感情が起こるのは、田畑を耕しているからでしょうか。現在の日本の豊かすぎる食糧事情のせいでしょうか。わたしにはそのどちらとも言えるように思われ、今では「百姓であることによって感じ、見えてきてしまうこと」の一つと考えるようになりました。

いよいよ稲刈りの日が近づきました。田植えにお手伝いいただいた方々が稲刈りの日にも来てくださいます。コシヒカリは九月の末が稲刈りですが、この頃の天気は例年よくありません。秋雨が続いて中止になることもあり、無理をして小雨の中ですることもあります。しかし、稲刈りはよく晴れた日にやりたい仕事です。楽しい仕事のひとつである稲刈りが雨の中では苦しくなりかねません。

谷地の田のそこにも〳〵赤とんぼ　陽子

稲刈りの日もわが家のハレの日ですので昼食と夕食を準備します。この頃は野菜の種類も少ないので残っている夏野菜と魚を用い、エダマメ、ゴボウなどを加えてどうにか整えます。

ある年の稲刈りの日（十月三日）の食事は次のようでした。

小昼　赤インゲン豆の強飯（おにぎり）

きんぴらゴボウ
ナスの漬け物
昼食　混ぜごはん（サンマ、イクラ、ゴボウ、エダマメ）
日本カボチャの煮物
だし巻き玉子
フダンソウのおひたし
キューリのしょう油漬け
夕食　鮭のマリネ
ピーマンの鰯詰め揚げ煮
イクラのしょう油漬け（昼食のものと同じ）
ナスのそうめん煮
ざる豆腐
サラダ（サヤインゲン、ネギ）

ざる豆腐は、おもてなしの一品としてときどき作るわが家の手作り豆腐です。ニガリを打ったあとざるにあげて、重しをせずに水を切り、あたたかいうちに食べます。「青御前」

という品種の青ダイズを使いますので、うっすらと緑色をしており、甘味があってとてもおいしいものです。

刈りとった稲は稲架《はざ》に掛けて、晴れた日が続けば一週間で脱穀にとりかかります。稲を稲架から降ろし、トラックで家まで運んでから機械を動かします。一日中埃りのなかでの作業で、最初の日はぐったりと疲れ、体はかゆく、のどや目が痛みます。はずかしいのですが、マスクをつけてやっています。一日中やるとマスクの内側も埃りでまっ黒になるほどです。二日目は体のほうは作業に慣れてきてむしろ楽なのですが、のどや目の痛みは増すので、続けて三日目はやらずに、一日二日置いて最後の脱穀をします。その日でもう終りと思えばホッとします。

しかし、埃りの日はまだ続きます。筵にモミを広げ天日干しをするので、そのモミの出し入れに埃りを吸います。いつも思うのですが、昔の人ならば二反歩ほどの稲を扱うのにのどを痛めることはなかったのではないでしょうか。今より旧式の道具でしていたのですから、埃りを浴びている時間ははるかに長かったはずです。ですから、マスクをしてやっている姿がなんともはずかしいと思ってしまいます。きっとわたしたちの鼻やのどが弱くなっているのでしょう。こういうことにも、現代人は体力や防衛力が劣ってしまったと感じてなりません。
天日干しのモミ米を貯蔵罐に納めると八十八の手がかかるという米作りも終りです。その後は、ゴマやアズキ、サトイモ、ダイズなどの収穫が続きます。野菜を売っているわたしたちは、野菜が不作だと困りますが、ゴマ、アズキ、ダイズは今のところ自家消費用に作っていますので穫れただけでまかなうようにしています。みそはダイズが豊作の年に多目に仕込んでおくようにします。しょう油は技術的にも設備もむづかしく自給できていません。アズキやゴマは種を残し、残りを一年間で消費するようにします。

撰り分けて豆の干されし笊二つ　　次郎

サトイモの茎（ズイキとかイモガラと言っています）は霜の降りる前に刈りとり、一日か二日日陰に置き、皮を剝いて干します。好物なので、手にあくが付いて黒くなるのがわかっていてもイモガラ作りは止められません。最近はあくのないイモガラ専用の種イモが手に入りましたので、手を汚さずいただいています。これは生の茎でも皮を剝かずに料理することができ、小さいけれどイモもおいしい便利なサトイモです。

晩秋は干し物の多い時期で、次はトウガラシを干し、それからご近所からいただいた渋柿で干し柿作りをします。軒下にシュロの葉で結わえた柿が下がり、秋の陽差しを浴びてまぶしいほどです。十年前は柿を剝く手が悴《かじか》んで体も冷えたものでしたが、温暖化のせいなのでしょう、ここ数年はそんな思いをしなくなっています。しかし、干し物は冷い西風が吹かないとよく乾かないようです。ある年には、イモガラも干し柿もカビてしまい残念でなりませんでした。そんな訳で、毎年この頃になると西風が早く吹いて欲しいと思うのです。

家でする仕事が増える代わりに、畑の仕事は収穫の外には麦蒔きとタマネギの定植、そして二年子ダイコン（畑で冬を越して春に食べることからこういう名称がついているようです）の間引きを急いで終わらせるだけになりました。

景はすでに冬日の兆し、陽の傾くのも早くなって畑から帰るころには肌寒さを感じます。

第九章●冬の暮らし

㈠

十月の下旬に天日乾燥した米を罐に納めてしまうと、いつも「これで今年も終ったな」と思う。年末には少し早いが、自然との戦いのような日々が終ったと感じるのである。

第一部で百姓暮らしは「労働が楽しい暮らし」であると述べたが、春から秋までは自然の変化に精いっぱい対応しないと負けてしまうので、楽しいと感じる余裕は実はあまりない。床につくとすぐに深い眠りに落ちてしまうような日々を、ふりかえって肯うのである。のんびりと野良仕事を楽しむのは、米の穫り入れが済んだあと、小春日に小麦を蒔いたり、ダイズを打ったりするときである。

鍬を持ったまま筑波山の美しい姿に見とれていたり、日溜りの草の上でお茶を飲みながら眠気を催したりする。夏の忙しい時期は妻と交わす言葉もついつい乱暴になるが、そんなこともなくなってくる。

麦蒔きの婦唱夫随の一日かな　次郎

戦前なら十一月はまだ忙しい時節で、脱穀や麦畑の耕しは夜の仕事でもあったという。保温のための資材ができて、米作りの時期が全体に一カ月ぐらい早くなったのも、この様変わりの一つの理由であるが、何と言っても今の百姓暮らしは重税や法外な小作料で搾取されることがない。これが一番の理由であろう。

南の国々からの収奪によって繁栄している工業国日本では、百姓暮らしの産み出すささやかな富など、権力者たちは見向きもしないということである。その結果、百姓が生きていくために、昔のように過酷な労働になるほど耕作する必要がないのである。

この意味で、私たちの百姓暮らしは否定すべき工業社会の恩恵を受けていると認めねばならないが、だからと言って工業社会でなければ成り立たないものではない。百姓暮らしは補助金などとは無縁な自立した暮らしであって、その恩恵は「権力者たちに干渉されずに、自分の働きで得たものを自分のものにできる自由」を与えられていることである。なるほどその自由は桃源境のもので、歴史をふりかえればいつの世にも不耕貪《どん》食の収奪者がいて、そんな自由のあったためしはない。しかしそれは論理的に実現不可能なユートピア（無可有郷）ではないであろう。

もっとも桃源境の自由を得ていても、私たち日本人にとって百姓暮らしは容易ではない。不耕貪食の生活に慣れてしまった私たちは、奪われることのない自立した暮らしであっても、豊かな楽しいものと感じることができなくなってしまっている。この気力と体力の衰えは大いに悲しみ恥じるべきであろう。


サヤエンドウやグリーンピースは年内に大きく育ちすぎるとかえって霜害を受けるので、小麦のあとに蒔く。そのとき間作に春穫りのホーレンソウとアブラナを蒔いて、蒔きものは終りである。あとはほとんど出荷作業だけになる。十一月・十二月は収穫の一つのピークなので出荷の日は結構忙しいが、ほかの日は急に暇になる。

畑は冬の低温や寒風に備える。この辺りではダイコンやサトイモは年内なら株に土を被せておくだけでよいが、年を越して食べる分は穴を掘って活ける。土地の老農に習ったのは次のような方法である。

地表から三〇センチぐらいまでは低温の害がでるので、それより深く埋める。ダイコンの場合は深さ三〇センチほどの斜めの溝を掘り、引き抜いたダイコンの葉を落として、頭を下にして並べ、三〇センチぐらいの山に土を盛る。サトイモは量にもよるが深さ一・二メートルぐらいの穴を掘り、底と側面に藁を敷いてそのなかに埋める。親芋と小芋を分離せず、株のままやはり逆さまに置いて重ねていく。最後に上からも藁を被せ、「息抜き」といって藁束を一本立てて盛り土をする。やはり三〇センチぐらい盛る。

ハクサイは年内なら藁で頭をしばるだけでよいが、長期に保存するためには株を引き抜いて外葉をつけたまま新聞紙などに包み、小屋のなかに並べて立てておく。数が多ければ藁囲いを作ってそのなかに並べる。

サヤエンドウ、タマネギ、キャベツなど畑で冬を越す苗は、霜柱で持ち上げられて枯死することがあるので、株元をよく踏みつけてモミガラを撒いておく。またそれらの作物やイチゴやホーレンソウなどの菜類は、寒風をよけるために畝に沿って笹を立てる。

田んぼの仕事は、秋起こしと畦焼き、もろくなった土手の補強などである。二毛作をしないのでしごくのんびりしている。うっかりすると時期を逸して春まで何もしないことになる。秋起こしは遅くとも年内にやらないと土が凍ってできなくなるが、近年はレンゲを蒔いているので省いている。畦焼きは歳時記では早春の季語であるが、例年二月に入ると雨や雪に濡れて燃えにくい。わが家では一月にやるようにしている。

野焼人煙の影を横切りし　　陽子

冬の重要な仕事の一つは肥料つくりである。元手をかけない自給肥料の中心は言うまでもなく堆廏肥である。木枯が吹いたらさっそく落葉さらいに行く。私たちは山林を所有していないうえに、周辺の雑木林は荒れ放題で篠が生えている所が多く、熊手などとても使えない。しかしほかに落葉をさらう人もいないので、雑木林のそばの通路をさらうだけで必要な量は集まってしまう。

堆肥の材料は落葉（体積で約五〇％）、切り藁（四〇％）、鶏小屋から出る鶏糞（五％）、野菜の残滓と生ゴミ（五％）である。これらを積み重ね、足で踏みつけてから水を加えるのであるが、その加減が重要でこれは経験を積んで身につけるほかはない。わが家では発酵助剤として野菜から自家採取した酵素液を添加している。この酵素堆肥の作り方は、今は亡き間瀬富弥氏から教わったものであるが、これを使うようになってから、堆肥を完熟させるのに要する期間がかなり短かくなり、質的にもよくなったと思う。市販の発酵助剤もいろいろあるが、この酵素液は自分で作るので原材料がはっきりしているし、費用がほとんどかからない利点もある。ぜひお奨めしたい。

酵素堆肥の作り方（間瀬方式）

(1)酵素液

材料・無農薬の野菜各種四キログラム、砂糖四キログラム、こうじ適量

容器・梅酒用のガラス瓶

①野菜を水洗いし、布でふいて二、三センチに切る。砂糖にまぶしながらガラス瓶に入れ、冷暗所に置く。（梅ジュースを作る要領）

②四、五日経つと発酵してアワが出る。これを毎日一回攪拌して二週間ほどおくとアワが出なくなる。

③布の袋に入れて漉し、カスを取り除く。この液にこうじか甘酒の素を入れて再発酵させるとさらに良い。

(2)堆肥用菌ヌカ（堆肥五〇〇キロ分）

材料・酵素液二〇〇ミリリットル、米ヌカ一〇キログラム、四〇度ぐらいの湯七リットル

容器・生ゴミ用ポリ容器

①酵素液と湯をよく混ぜ、これをポリ容器に入れた米ヌカに加えて、よくかきまぜる。(冬期は古い毛布などで包み、できれば二〇度以上に保つ)

②毎日一回よく攪拌して数日すると全体が湿めってきて温度が上昇する。これででき あがり。

③堆肥材料を積み込むとき、これを高さ三〇センチごとに薄くばらまいて重ねる。

間瀬氏は機械製造会社の経営者を退いたあと、日本人の食の乱れを憂えて、自ら有機農業を実践し、土つくりの大切さを説いてまわっていた人である。営利目的でなく農民が自分で作れる酵素液を弘めていたこと、それもやむにやまれぬ思いからたった一人で孤軍奮闘していたこと、その二つとも志が本物である証であった。ＥＭ菌のようなハッタリ商品がもてはやされながら、間瀬氏の酵素液が弘まらないのは、自分で作る手間が嫌われるのであろうか。情ないことである。

堆肥小屋は廃材や間伐材や大型トラックの荷台などを利用して建てたもので、約二メートル四方に三区画に仕切られている。二メートル四方で高さ一メートルに積み込むと約一トンの堆肥ができるので、年三回積むと三トンはできることになる(他の二回は五月と八月であるが、八月に積み込むものは、枯葉の代わりに禾本科の草を用いている）。

この堆肥小屋では五反の畑には小さすぎるので、家から離れた畑に別の簡単な小屋を建てている。こちらは水分の調節が難しいので、酪農家からもらうウマヤゴエ（敷藁と糞尿の混ざったもの）と畑の草を合わせて積み、一年間かけて作る。こちらで約二トンの堆肥ができる。堆肥はだいたい反当たり一トンあれば足りるようである。

堆肥のほかにわが家では平飼い鶏舎から出る鶏糞も主要な肥料である。鶏舎にはモミガラを敷き、草や土をときどき投げ入れるので、鶏糞はそれらと混ざって発酵する。数カ月に一回それを取って田畑に入れている。

また堆肥とは別に、苗作り用の腐葉土を作る。これは枯葉だけを積んで踏み込んだもので、何度か切り返しながら一年以上かけて作ることになる。

ところで、どんな野菜でも完熟堆肥を施して土を作ればよいかというと、品目によってはそうはいかない。果菜はおおむね堆肥だけでよいようだが、たとえばダイズなどの豆類は堆肥だけではどうしてもチッソ過剰となり、木ばかり茂って実が少ない。昔から「灰がなければ豆播くな」とか「麦播くな」などと言われ、ダイズや麦には草木灰が重要な肥料であったようである。昔はカマドの灰を灰小屋に溜めておいたらしい。余談になるが、灰は肥料として売れたので、「カマドの灰まで俺のもの」という夫婦ゲンカの際の亭主の暴言は、意味のない誇張ではなかったのである。それはともかく、今の暮らしでは草木灰は案外手に入れづらい。わが家では冬のあいだにしばしば雑木などを燃やして貯めておく。酸性土を中和するために苦土《く》石灰も使うが、ホーレンソウなどは草木灰を使うと味もよくなるようである。

また風のない日を選んでモミガラ燻炭を作る。燻炭製造機も市販されているようだが、一斗罐に穴を開け、蓋に煙突をつければ簡単にできる。そのなかで木片を燃やし、蓋をして外側にモミガラを山に積む。罐のなかの火がモミガラに移って次第にこげて黒くなるので、上から三分の一ほどこげたときに一度内と外をひっくり返し、次に全体にこげが現われたら罐を取り除く。しばらくして生のモミガラがほとんどなくなったら広げて、手でさわれる程度になるまでじょうろで水をかけて冷やす（これをしないと白い灰になってしまう)。モミガラの量はいくらでもよいが、量が多いと仕事が夜にかかる。市販のモミガラ袋なら四袋が朝から夕方までにできる一回分の適量である。モミガラ燻炭は野菜の苗づくりや稲の苗床に使っているが、たくさんできるならば畑に施しても何にでもよい肥料である。

わが家で使う肥料はほかに油カスと骨粉がある。これらはいわゆる金肥《かねごえ》（お金を出して購入する肥料）であるが、今のところは欠かせない。油カスは十倍の水といっしょにポリ容器などに入れて液肥をつくる。はじめは強烈な悪臭がするが、ときどきかきまぜながら一年以上おくと発酵して臭いもなくなり、よい液肥ができる。使うときはこれをさらに十倍に薄めて株元にかける。即効性があるので追肥によく、とくにポットで苗を育てるときには便利である。また骨粉は言うまでもなくリン酸分の多い肥料で、堆肥中心の施肥だと相対的にチッソ過剰になりがちなので、バランスをよくするために使っている。

仕事ばかりを書いたので、「暇なはずの冬でも結構いろんな仕事があるじゃないか」と思うかも知れない。百姓の仕事は探せばいくらでもあるが、冬は種蒔きもなく雑草にせきたてられることもないので、ここに書いたことを全部やっても、まだ時間はたっぷりある。その時間は暮らしを豊かにするために使うことができる。

第一に読書をしたり、こうして文章を書いたり、ときには講演を依頼されて出かけたりする。ほかの季節にそうした時間がまったくないわけではないが、昼の肉体労働で疲れると夜も本を読む気にはなれない。必要にせまられて読むもののほかは、買う機会があっても積んでおき、冬になってからまとめて読む。私は今の社会の破滅的な行く末に対して発言しなければならないと思っているので、冬の自由時間はなるべくその活動にあてたいと考えている。（私は前半生を哲学徒として遊ばせていただいたので、いくぶんかはその責任も感じている）

次に、毎年冬のはじめに大工仕事を一つ計画して実行している。堆肥小屋の建設、出荷作業のための下屋の増設、鶏小屋の増築、パン焼き窯の建設と年ごとに増やしていき、農場は少しずつ便利で豊かになった。

趣味として工芸を行なうこともある。私は竹細工や木工を、妻は焼き物や織り物を、いづれも初心者の域を出ず、人に見せられるものではないが、百姓暮らしのなかで使って愉しんでいる。たとえばわが家の玄関には手製の竹籠や藤籠がおかれ、一年中何がしかの野の花が挿されている。

なほ青き夕空映す氷柱かな　　次郎

(二)

筑波颪といわれる西風が吹きはじめ、栗林が葉を落とすと畑は一気に寒々しい感じとなります。

年の瀬もせまったある日、畑のハクサイやダイコンをぜんぶ収穫して年を越す準備をします。ハクサイを穫り、新聞紙に一個ずつくるんで納屋に並べる仕事が一日。畑の枯れた草や落葉を燃やしながら、ダイコンを抜いて埋める仕事が一日。

ダイコンには細いものや、奇妙な形に育ってしまったものがあり、それらは切り干しダイコンにします。それらと自家用のたくあん漬けにするダイコンを別にして、良いものを土の中へ埋めておきます。

翌日は切り干しダイコン作りにとりかかり、小春日和のなかでたくあんダイコンといっしょにダイコンを洗いあげていきます。わたしは自己流で、皮つきのまま七、八センチに薄切りにしてから縦に細く切っていきます。はじめは簡単にできるものと思っていましたら、茣座が強風で飛ばされ土の上にひっくり返えってしまったり、家の周りの桧の葉の屑が降ってきて切り干しに混ってしまったり、ばか丁寧に細く切ったばかりに干しあがったものが塵芥《ごみ》のように小さくなってしまったり。やさしいはずのものがうまくできないのはどうしてなのかと思ったものです。百姓仕事は一年に一度しかできないことが多いので、わたしには実験とも思える経験にいつも期待と不安が同居しています。ですから切り干しでも一莢座ごとに切り方を変えながら乾き具合を見、味を試しています。だからといって、今でも自慢できるようなものを作れてはいないのですが。

晩秋に軒に吊った干し柿は、暖冬ですとカビを生やしてしまうこともありますが、寒くて雨が少なければ良く乾いてくれます。稲藁をすぐって紙箱のなかに敷き詰め、柿のヘタをカットして並べ、またその上に稲藁を被せて蓋をしておきます。一週間ばかりして開けてみると、見事に白い「粉（コ）」が吹いています。

切り干しダイコンも干し柿作りもわたしの冬の楽しみです。

渋柿を剝く手いつしか冷えてゐし　　陽子

冬の漬け物はハクサイとたくあんを漬けます。

ハクサイは洗ったものを四つ割りにして半日干し、塩だけで一週間漬け、充分乳酸発酵をさせるために昆布、トウガラシ、ユズ、糠を入れ、二度漬けにしています。塩の量は手で振り入れながらの手加減で充分と思います。ハクサイ何キログラムに塩何グラムと計算するのは減塩のために必要なのかと思いますが、昔の女たちは親が手に塩を摑んでハクサイに振り入れている姿を見ながら、加減を覚えたようです。今では、子どもが親のそうした姿を見ることは稀ですし、また漬け物をつける家庭でも子どもたちが側にいなくなってしまいました。核家族の社会になって、家庭料理という大切な文化が伝承していかないのではないかと危惧しています。

昼の時間が短かくなると、とたんに卵の数が減ってきます。三年目の鶏はとくにひどくなり、一部屋約六十羽のうち一日に産む卵の数が十個ほどになってしまうこともあります。産卵率の落ちた鶏を処分するのも寒くなってからです。鶏を飼い始めたころは、一羽でも死ぬと泣いたこともありましたが、近頃は一度に六十羽を処分しなければならなくなりました。

鶏は産卵開始後一年ぐらいで処分するほうが経済効率は良いようです。しかし人間の都合だけで殺してしまうのには抵抗があって、赤字にならないぎりぎりまで飼っています。

もっとも一年半の命が三年半になるだけですから、自己満足と言われれば返えす言葉はありませんが。

処分場へ送る前夜、わたしたちは懐中電灯を照らしながら一羽ずつ捕まえては、鶏籠に詰めていきます。断末魔のような声をたてるのや闇のなかを盲滅法に逃げ出すのもいて、それらを無我夢中で捕まえます。そして無事に終えたことを確認し、いつもとは様子のちがったガランとした鶏小屋を見渡して家に戻ります。熱いお風呂に入って床に着くと、一時を過ぎています。

昔は「薬喰い」といって、寒のあいだに卵を産まなくなった鶏を屠殺して家中でいただいたようです。わが家では肉は食べませんが、そういう食べ方ならたまにはいただいてもいいなと思います。鶏はできれば十羽ぐらいを庭に放して飼いたいものです。

わが家の卵の消費についていえば、通常は壊れたものや形のいびつなものなど、売れない卵が出たときにだけ使うようにしています。

野菜もそうですが、初もののときは数が揃わず売りに出せないのでそれをいただき、最盛期には大方屑や残り物をいただき、終りのころはたけたものをいただきます。勿体なくて捨てられないのでそうなるのですが、新鮮なものなら味にはたいしたちがいはないのです。

鶏にはときどき驚かされることがあります。

ひとつは、寒卵のことです。とりわけ寒い朝でした。巣箱からとってきた卵のひとつがひび割れていたので、他の卵とは別にしておきましたが、夕方その卵を見るとどこにも割れ目が見当たりません。どうやら、卵のなかが氷って膨張したとき外の殻だけにき裂ができ、あたたかくなって元に戻ったために割れ目の線もなくなったらしいのです。一度割れた卵が元に戻ってしまうなんて信じられないという人もいるでしょうが、自然には常識を超えた不思議なこともあるものです。

もうひとつはとても残酷な話で、こんなことをお伝えしても気分が悪くなるばかりと思われるかもしれません。しかし、百姓暮らしのなかでどうしても直面しなくてはならないことなので記します。

鶏を何十羽もの集団で飼いますと、毎日の闘争のなかで一番強いものから一番弱いものまで序列ができてきます。そして最も弱いものと決まった鶏はついには死に至るまでいじめられてしまいます。いじめられて弱った鶏を発見した場合には、集団から外して庭に放飼いにすることで回復を見ることができます。

あるときそうした一羽が、庭で餌を食べながら元気にしていたのでしたが、その鶏の傷ついた首筋にたくさんのウジ虫が湧いているのを発見しました。生きている鶏にウジ虫が巣喰うとは信じられない様です。鶏を捕まえウジ虫を洗い流そうとしましたが、ウジ虫は水がかかると鶏の肉の中に潜ってしまい、どうしてもとれません。鶏は痩せ細っていました。わたしたちは仕方なく鶏の首を刎ね、土に葬りました。

百姓暮らしにはそうした生きものたちとの出会いが数々あります。鶏のほかに山羊、うさぎ、犬。家の中に侵入してくるネズミやヘビ。その出会いの一つ一つに何かしら教えられることがあり、そうした機会を失った子どもたちの不幸を思わずにはいられません。

犬解けばたちまち遠し寒茜　　次郎

冬の朝食は、陽の当たる縁側でいただきます。暖房は豆炭の炬燵だけですので、朝にはすでに火もなくなっており、縁側が一番あたたかな場所だからです。曇った日は朝食の後に焚火をして、体をあたためてから仕事を始めます。

昼食にはそばを打つこともあります。ひきたて、打ちたてのそばはさすがにおいしいものです。薬味も自家栽培のホースラディシュをわさびの代わりに使います。

炬燵ひとつが暖房の我が家の夕食は、あたたかいものが中心となり、たいていは鍋仕立てになります。土鍋ひとつがこんなに役立つものかと感心してしまいます。

冬のはじめは小カブやセロリ、キャベツ、カリフラワーがありますので、ニンジン、ネギ、ジャガイモといっしょに野菜だけのポトフ。キャベツ包みや油揚げの袋物、自家製のコンニャクや豆腐、卵にダイコン、ニンジン、サトイモまたはジャガイモ（皮ごと）を昆布と煮干しの濃いダシ汁で、おでんを作ります。

水菜類（京菜、壬生菜）の鍋もよくします。霜にかかった水菜をダシとしょう油、酒で味つけしたもののなかに油ぬきした油揚げを適当に切って入れ、しゃぶしゃぶ風に少しずつ菜を入れながら食べます。

鍋仕立ては特別に材料を揃えなくとも、汁物と煮物を組み合わせてできるので、その家庭によってお気に入りのものが作れるのも便利です。

根菜は体を温めるので、冬は根菜類を多く食べるようにと言われています。

昨年（平成七年）は二月に入ってから前後して二人で風邪をひいてしまいました。それまで十年ばかりは風邪気味ということはありましたが、熱が出て二日間も寝たのははじめてでした。風邪をひく前に、夜寝ているときに体が寒くて目が覚めたことが何度かありました。薄い布団のせいとばかり思っていたのでしたが、翌年になってからそれはニンジンのせいだったかもしれないと思いあたりました。

実は、その年の夏は日照りが続き、秋冬収穫のニンジンを二度播きましたができませんでした。それでわたしたちはニンジンをまったく食べなかったのです。次の年もやはり夏は日照り続きでした。しかし二度播き直した後、うまい具合に発芽の時に雨が降ったおかげで、不自由なく食べることができました。そして、前年より寒い冬を迎えましたが、寒さで目が覚めることもなくよく眠れました。

聞くところによりますと、ニンジンには薬効があり、皮膚や体表を温める作用があるとのこと。ニンジンのせいばかりとは思いませんが、「薬食同源」という言葉が頷ける一件でした。

その他にも冬の体には風邪薬でもあるショウガ、ユズ、ネギ、葛などがとくに必要かと思います。

ショウガは夏から秋にかけての収穫ですので保存して用います。種用のショウガはサツマイモを埋めるその下に埋めて春まで保存するのですが、冬に使うのであればその都度掘ってはいられませんから埋めてはおけません。すりおろして使うのであれば冷凍にして、そのままおろし金ですればよいようです。わたしはダンボール箱や発泡スチロールの箱（トロ箱）にモミガラを入れ、ひとつひとつ新聞紙で包んでうずめておきます。トロ箱には蓋をせず、新聞紙を厚くして被せます。その年の天候にもよりますが、カビが生えたり、萎びたりすることもあり、家庭での決定的な保存の方法はまだ見つかっていません。

ネギ好きのわたしはよくネギを使います。年を越すとタマネギはありませんから、その代用としてスープやポテトサラダ、コロッケなどに。ネギそのものを使うポトフやネギのフライ、大きく切ってゆでたネギのサラダ、鍋物。そして生で使う薬味や風邪薬用にと、なくてはならない重宝な野菜です。

菜の土の振り落とされし雪の上　　陽子

夕食が済めば、炬燵で好きな本を読めるのも冬です。テレビはありませんから、わたしたちの話題のひとつは新聞とラジオからえた情報です。テレビの情報がなくても別に困ることはありません。

吐く息は家の中でも白く、隙間風を顔に感じながら着膨れて炬燵に入っていると、下屋の屋根に落ちるどんぐりの音や空っ風の音が聞こえます。外に出れば、寒天にたくさんの星を眺めることができます。

冬は一日の時間が短く、仕事もたくさんはできません。きょうは鶏小屋の掃除、あすは堆肥の積み込み、次の日は竹伐りと決めて少しずつやっています。

村の老人が霜の畑を指し、「畑も眠っているから、いじらないでいいんだ」と言った言葉に納得します。その言葉に甘えるのではありませんが、わたしたちも冬籠りをして体を休める季節でもあります。

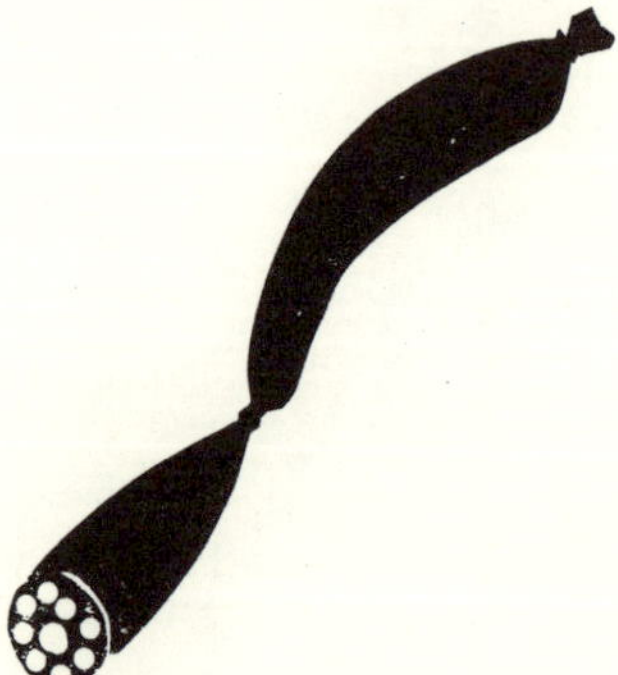

あとがきにかえて――スワラジ学園構想

この冬、弓削達氏の『ローマはなぜ滅んだか』を読んだ。ローマ帝国と近代工業社会の類似を再確認して、溜め息をつかずにはいられなかった。

地中海世界のすみずみから珍味を集めて夜毎に宴会を開き、「食べるために吐き、吐くために食べている」(セネカ)と評されたローマの人々と、世界中から食糧を買い漁り、今や飽食を通りこして、過食症だの拒食症だのといった奇妙な病いが出現している日本人との、現象的な類似性だけではない。

ローマ帝国の繁栄は奴隷制による労働の収奪がもたらしたものであるが、工業社会の豊かさも主に南北の著しい賃金格差によって生じる労働の収奪がもたらしている。そしてこの不平等を実現しているのが、圧倒的な軍事力の差であることも同じである。違いを言えばローマ帝国の暴力による支配が直接的で目に見えるものであるのに対して、工業国の直接の武器は機械であり、暴力は背後に控えているという点である。

ローマは周辺の異民族を一貫して「蛮人」扱いし、文明の果実を分けようとしなかった。その結果、「蛮人」のゲルマン人たちがやがて力を持ってきて滅ぼされることになった、と弓削氏は言う。そしてこの警世の書を、「文明世界の永続は、ニーズの世界や第三世界との平和的共栄なくしては不可能であることは、現代世界もローマ世界も変わりはないと思うのである」と結んでいる。

私は「日本の繁栄をいかにして維持するか」という問いには関心がない。本書で明らかにしたように、労働の収奪と地下資源の独占によってもたらされている工業社会の繁栄は、原理的に普遍性のないものであって、「第三世界との平和的共栄」などはありえない。周辺からの反撃によるのではなく、環境問題やエネルギー問題で工業社会は自滅するであろうが、子孫へのツケを少なくするためにむしろ一刻も早く滅びるべきであると私は思う。

しかし、邪悪な工業社会は滅びるべきであっても、日本人は滅んで欲しくない。私の願いは、日本人がこの歪んだ繁栄から脱け出し、支配者にも奴隷にもならない真の自由、ガンジーの言うスワラジ（自治）を獲得することである。

そのために私たちは何を為すべきか。また何を為すことができるだろうか。

ヨーロッパ人が世界を支配し続けている五百年もの歴史、アメリカとヨーロッパの圧倒的な軍事力と蓄積された富、人間の本性ともいうべき我欲と怠惰——それらを思うと悲観的にならざるをえないが、小さな火を灯し続けるために、「教育」の二文字が浮かんでくる。

いかなる教育にもものの見方や考え方の「押しつけ」という側面がある。とくに学校教育は特定の意図のもとに――たいていの場合には支配階級がその社会体制を維持するために――行なわれると言っても過言ではない。建て前の部分を無視して言えば、文部省が指導する現在の学校教育は、工業社会の繁栄を維持するという目的のためになされていると言えよう。

工業製品が収奪の道具である現代社会では、欲望を開拓して商品化する新技術が重要であり、そのために科学教育が重視されている。応用科学だけでなく自然科学の基礎研究も、技術開発の国際競争に打ち勝つために必要なのである。科学の研究は同時に軍事技術の確保にもつながっている。たとえば原子力発電や宇宙ロケットの研究が、核弾頭を積んだミサイルの技術につながるのは明白であろう。

アメリカの圧倒的な軍事力が世界の秩序を守っていると言われ、アメリカ政府は「世界平和の番人」と自称している。しかしその秩序や平和は、南北の不平等を固定し収奪される人々に反抗を許さないという意味での、秩序であり平和であるにすぎない。アメリカが世界を支配している現状では、北の工業国もアメリカと敵対して繁栄を維持することはできない。それを考えれば英語教育の偏重も頷けるのである。

しかし、教育の目的をスワラジ（自治）の実現におくならば、その内容はまったく違ってくるのではなかろうか。

学園という形をとった教育を私一人の力で始めるのは困難であるが、もし日本の将来を憂える方々に賛同していただけるのであれば、子どもたちに自治の思想と能力を育むためにスワラジ学園を建設したい。スワラジ学園の具体的な内容については、志を同じくする方々と議論を重ねて決めたいが、敲き台として私が考えている基本的な理念を述べておきたいと思う。

一、自然の恵みをいただいて自立して生きていくための知識と技術、気力と体力を身につけるため、本書に述べたような「百姓暮らし」の意味と実際の学習を基本に据えて教育する。

現在の学校教育は明らかに知識教育の偏重であるが、家庭や地域の教育がそれを補っているとも思われない。教育における家庭や地域の役割は昔よりも失われており、基本的な生活技術はどこでも教えられないというのが実状ではなかろうか。私の農場に研修に来る学生たちも、鍬や鎌はもとよりナイフや金槌の使い方もよくできない者が多い。百姓仕事や大工仕事、料理や裁縫などの実習によって、自然を恐れない気力と体力が養われ、本当の豊かさを感じとる感性が育まれるだろう。

もちろん知識教育がまったく不必要というのではない。歪んだ価値観を押しつけられている今日では、百姓魂（自治への自信と誇り）を得るには正しい歴史認識や思想が必要である。学校で習う歴史はほとんど権力者たちの歴史であり、欧米の世界侵略を正当化する世界史であるが、社会の大多数を占める庶民の歴史、収奪される側から見た世界史を学習するべきである。またマハトマ・ガンジーの思想をはじめ、安藤昌益・宮沢賢治などの思想を学ぶことによって、自治の精神を身につけることができよう。

二、入園を希望するあらゆる子どもたちに門戸を解放し、一切の相対評価を排する。

道元禅師に「群を抜けて益なし」という言葉がある。これは仏道修業においては自分が不退転の心を得るか否かがすべてであって、他人と比較し、「他人より優れている」などと誇っても意味はないという戒めであるが、自治能力の養成を目的にした教育についても同じことが言えよう。本書で述べたように工業社会が原理的に「収奪競争」を行なう社会であるゆえに、企業間の競争や国際的な競争が生じ、教育にも厳しい競争が持ち込まれるのである。競争に打ち勝つ戦士を育てるのが目的なら、テストや通知表でつねにランク付けるという方法は誤っていない。しかし数学や英語ができない「落ちこぼれ」の生徒も、自治の能力を欠くわけではない。

額に汗してまじめに働くかぎり、自然はどんな能力の人にも余りある恵みを与えてくれる。過去の歴史がそのように見えないのは、安藤昌益の言う「不耕貪食の徒」が絶えないからである。もっとも「落ちこぼれ」の生徒たちがスワラジ学園で自己の隠れた能力を発見することは、大いに期待しうることである。

相対評価がないと人は不安になる。その不安は実は彼が自立して生きていない証拠であって、その不安を乗り越えて自己の開発と鍛練のためにのみ学ぶところから、自立の一歩が始まると私は思う。

> 三、自分の経験や知識を子どもたちに伝えたいという思いのある、あらゆる大人たちに教師としての門戸を解放し、教育の専門家を排する。

進歩の思想を払拭していない人には、この理念は理解しづらいであろう。たとえば科学的な知識が日々に進歩し、真理に近づいていると信じている人は、科学の専門家が教師となることによってこそ、次の世代にはいっそう進歩するはずだと思うだろう。しかし、ここで詳しく論じる余裕はないが（拙著『ことばの無明』を参照）、科学はヨーロッパ言語から生まれた単に一つの「ものの見方の体系」であり、それがいかに精密な機械を産み出そうとも、ほかの諸言語のものの見方と等価値なのである。

また、工業社会の戦士を育てるという役割をいかに効率よく果たすかを問題にすれば、専門家による教育が効果的であろう。しかし自治の能力を育むためには、専門家は不要である。言うまでもなく工業社会以前は親から子へと自治のための知識と技術を伝えて何千年もやってきたのであり、「普通の大人たち」の知識と技術で充分なはずである。私たちは文明が発展し高度になったゆえに多くの専門家が必要になったと思い込んでいるが、根本的に考え直してみるべきである。専門の知識を習得しなければ生きずらい社会は、しばしば専門家が特権階級を形成していたり、専門の知識や技術がほかの人々へのある種の暴力となっている社会である、と私は思う。

現代社会の一つの問題は、百姓の仕事にせよ母親の料理にせよ、「普通の大人たち」の知識と技術が次の世代に伝承されていないことであろう。それは第一に国民がみな支配者階級になって、自治に必要な基本的な肉体労働を外国人（とくに第三世界）に押しつけているためである。また第二に工業社会が強いる際限のない競争のなかで、家事労働や子どもの遊びにまで企業が進出しそれらを奪っているためである。

とりわけ高度成長期以前の暮らしを体験し、優れた自治能力を身につけた老人たちの知識と技術が軽視されている。進歩の思想に毒されている私たちは、効率の悪い古いものはみな取るに足らないものとして隅に追いやってしまったが、伝承の鎖が一世代でも跡切れると長い伝統は滅んでしまう。老人たちを教師にして、彼らの知識と技術を習得するのが急務であると思う。

＊　＊　＊

本文に述べたように、私たちは百姓の技術を村の老農に教えていただいた。鍬を使う姿を遠くから見せてもらった人をふくめ、八郷町半田のすべての老農たちに感謝しているが、とりわけ田口松平氏ご夫妻と原田重徳氏にはお世話になった。

また出版に際してはこの度も水島一生氏と幡谷耕三氏の手をわずらわせた。厚くお礼申しあげる。

（一九九六年一〇月）

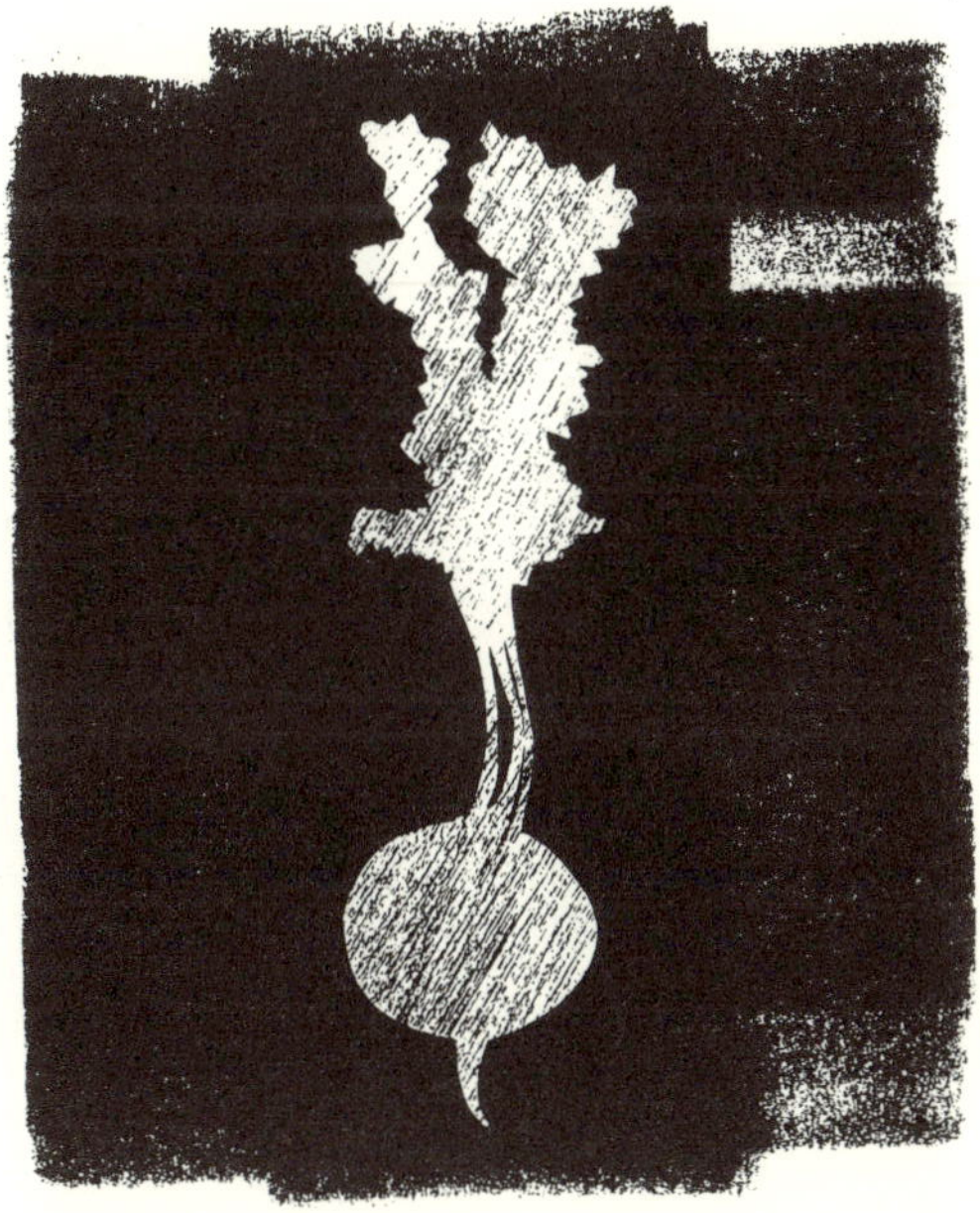

復刊に寄せて――スワラジ学園の試みと挫折

本書の初版が上梓されてから十二年、私たち夫婦の暮らしも、その間かなり大きな変化があった。その主な理由は、初版のあとがきで述べた「スワラジ学園構想」が具体化したことである。

私たちが住んでいる筑波山麓の村は、有機農業を先駆的に推進している拠点であり、また日本の古里とでも言うべき美しい景観にひかれて、都会から移住する人が多い村でもある。そうした方々の中から、合田寅彦氏夫妻、野口淳夫氏夫妻、原田一夫氏夫妻、橋本明子氏、そしてここにお名前を挙げないが、たくさんの友人知人の協力を得て、スワラジ学園は現実のものになった。

ほとんどの学校は公的資金で建てられ、補助金に頼って運営されている。そうした資金を持たない人間が、奉仕の精神だけで建学しようとするのだから、「夢物語」とか「無謀な計画」とか陰口も聞こえてきたが、約五年の準備期間を経て、二〇〇二年の春に学園は開校した。常勤の職員六名（うち二名は無給、四名は月額十万円の薄給である）、学園生の募集定員十二名の、全寮制の小さな学校である。

学舎・寮の建設費は、一口五万円の学校債（十年後に無利子で返済）を買っていただくという方法で準備することができた。全国の二百人を超える方が発起人になり、二千数百万円の資金が集まった。寮の建設にあたっては、伝統的な技術を持つ大工さんや左官屋さんの協力を得て、昔の「軸組工法」で骨組みが作られ、「木舞下地《こまい》」の土壁で外壁が作られた。また、割竹を組んでいくその木舞下地をはじめ、屋根・床・内装など素人でもできるところは専門家に頼らずに施工し、延べにすると数百人分の労働奉仕で完成した。

開校後の運営についても、学園の志を是とされた多くの方が、無報酬で講義や実習指導を引き受けてくださった。自立《スワラジ》の思想を培う基本的な講義のほかにも、村の古老たちや有機農家、大工、工芸職人、医師、商店主、警察官、ジャーナリスト、コンピューター技師など、教育の専門家でない多彩な方々に人生経験を伝えていただいた。

しかしながら、スワラジ学園はわずか四年で休校の已むなきに至った。その最大の理由は私の力量不足であり、この場を借りてすべての関係者のみなさんにお詫びしたい。

ひと言で言えば、私は理想を求めるのにあまりにも性急であった。尊敬するマハトマ・ガンジーは、人々の理解と協力を得ようと思ったら、「まず自らが火の中に飛び込め」と説いている。人々の理解が得られないとしたら、それは自分がまだ火の中に飛び込んでいないからだと言う。私はいつもガンジーの中途半端な模倣者でしかないが、この度も彼の言葉を指針にした。私は全力を傾けて百姓暮らしの思想と生活を伝えようとした。が、それは私の能力を超えた役割だったようで、肉体も精神も疲れきってしまった。

学園生が思うように集まらず、資金の面の困難がつきまとったことも一つの理由ではあるが、農産物の販売で最低限の収入が得られる学園にとって、致命的な問題ではない。それより、妻をはじめ献身的に関わってくれた人たちも疲れていくのが分かり、自分も胃潰瘍を病んでついに休校を決断したのである。私は玉砕するよりも降参することを選ぶという気持だった。

学園の建設にあたっては、私が長年関わってきた有機農産物の提携販売組織「次の世代を守る会」の方々にも多くの協力を得たが、初年度の夏に発行した通信に私の悪戦苦闘ぶりが見えるので引用してみる。

「　四十点の畑だけれど

学園の仕事が忙しく、竹籠通信を二カ月休んでしまいました。とくに通信を中心にお付き合いをいただいている準会員のみなさんには、申し訳なく思っています。梅雨が明けてからは、妻と二人早朝の四時半に家を出て、夜の九時頃に帰ってくる毎日。通信の原稿を書く余裕は、肉体的にも精神的にもとてもなかったのです。

八月は十三日から十六日まで「お盆休み」をいただき、前半は散らかし放題だった家の大掃除をしましたが、今日十六日はようやく落ち着いたので筆をとっています。

学園はまさに暗中模索で前に進んでいます。予想外の困難もつぎつぎに起こり、一時は学園をはじめたこと自体を、「甘かったのではないか」と思ったりもしました。

何より畑の作物がうまく育たないのには参りました。学園生の半分は「有機農業で暮らしたい」という希望を持って入ってきたので、無農薬・無化学肥料でも作物が立派にできることを示したい、示さなければならないのに、失敗の連続で、平年作を七十点とすれば四十点ぐらいの出来だったのです。

振り返ってみると、失敗の理由はいろいろ思いあたります。

ナス・ピーマン・トマトなどは未完熟の(水分が多すぎて失敗作の)堆肥を使ったことが最大の理由でしょう。これを積み込んだ昨年末は、私は寮の建設作業に忙しく、他人《ひと》任せにしたのが誤りだったのですが、他の人がやった仕事だから余計に、失敗作でも使わないと悪いような気になってしまったのが更なる誤りでした(若い頃からの私の性格的な欠点です)。ナスやピーマンは根が傷んで発育不良になり、トマトは例年に増して病害が出ました。

私が長年耕作してきた畑の他は、土の状態も良くなかったのが第二の理由です。雑草の種があまりにもたくさんこぼれていて、しかもチッソ分が過剰気味のため草勢が強く、草取りがとても間に合わないのです。とくにスイカなど蔓性《つるせい》の作物は、草取りのときに蔓を動かすと弱ってしまうので敷藁で草を抑えるのですが、敷藁を突き抜けた雑草が畑一面を覆い、スイカの蔓が見えなくなるほどでした。昔から「田畑は一年荒らすと七年祟《たた》られる」と言われていますが、それを実感したことでした。

作業が後手後手に回ってしまったのは、学園生たちの作業能力について、私の予想が甘かったせいもあります。これが第三の理由です。昔の鍬鎌農業が生易しいものでないことは、体験的に知っているつもりでしたが、十人の学園生といっしょにどれだけの田畑を耕作できるのか、どの位が適正規模なのか、やってみないと分かりません。妻と二人で水田二反歩・畑六反歩をやってきたので、妻が炊事に回っても十人集まれば倍の面積はできるかなと簡単に計算しました。各人が私たちの三分の一ぐらいの仕事をしてくれれば、余裕を持ってできると踏んだわけです。ところがこれが甘かったのです。私の半分できる人もいますが平均したら三分の一以下で、予定がどんどん遅れていきました。

また仕事の丁寧さにも問題がありました。たとえば草取りでも、小さな予備軍まできれいに取らないので、すぐに生えてきてしまうわけです。近代農業はマニュアル通りにやればだれでもできる技術体系ですが、鍬鎌農業は熟練を必要とします。このことは鍬鎌農業の短所ではなく、むしろ熟練を要するからこそひと度身につければ仕事の楽しさも誇りも生まれるのですが、最初は大変です。結局土の状態が悪い二反歩の畑を途中から放棄し、それでようやく作業が間に合うようになりました。

他にも失敗を挙げれば切りがありません。トマトの横芽かきで真ん中の成長点を摘まれてしまったり、インゲンの蔓を折られたり、苗が深植えだったり、支柱にしばるヒモがきつすぎたり緩すぎたり、種が密播きだったり……私の説明を聞いていないし、やって見せても見ていないのですね。こうした初心者につきものの失敗は、きっと毎年繰り返すことでしょう。

いろいろな失敗が重なって、できた作物の量は妻と二人でやっていたときの方が多いくらいです。とても及第点はつけられません。十年以上かかって身につけた鍬鎌農業を、わずか一年で若者たちに教えようというのは、無謀な目標ではないのか……四十点の畑を前にして落ち込んだのですが、いつものように（？）妻に援助の手を差し伸べられ、叱咤激励されて気を取り直したのです。水戸農業高校の原田先生をはじめ何人もの友人が助けに来てくれたのも、本当にありがたいことでした。

こうして自分が気力を回復すると、学園生たちの「変化」が見えてきました。

四月に入学してすぐに農繁期に突入したため、彼らはまず仕事量の多さに驚いたようです。しかしだれもが必死に私についてきました。はじめて使う鍬で土を掘りあげ、短冊を作って種籾《たねもみ》を播きました。短冊は水平でないと苗の生育が揃わないので、何時間もかけてやり直し、みなが一本ずつを完成させました。

今日は大鎌で水田の畦草《あぜくさ》刈り、明日は畑の畝《うね》立《た》て、夏野菜の定植と、朝の七時から夕方六時まで働きました。ときにはバテてしまって夕食を食べられない者もいましたが、何とか全員がついてきました。「スパルタ教育」という言葉は嫌いですが、肉体的にも精神的にも自分の限界まで必死にやる時期がなければ得られない「大事なもの」があると私は思っています。

学園生たちは八反歩の田んぼをすべて手植で田植えしました。朝から夕方まで一週間ぶっつづけにやるのですから、すべて終る頃にはかなり上手になっていました。

私や妻についてこようとして、知らず知らず重労働をやってきた学園生たちは、三カ月も経つと見違えるほど逞しくなりました。何より「根性」と言うべき精神的な力を身につけたと思います。これは機械や農薬を使う近代農業の学習では、到底得られなかった「変化」です。昔の農業は単に食糧を生産しただけでなく、自立する人間をつくっていたのです。しかもそれは自分の力で食糧を産み出す技や体力をつくっていたという意味だけでなく、「自立《スワラジ》の精神」を養っていたという意味でもあるのです。

現代人は浅薄にも農業の意味を「農産物の生産」に限って理解してきました。そうであるなら、安全な農産物を安定供給してくれれば、外国に頼っても同じことです。そういう考えの人たちは、「日本は工業製品を売って繁栄しているのだから、農産物は自由化せよ。その代わり安全性のチェック体制を整えよ」などと言っています。

これに対して、農業の多面的な機能に注目して、税金を使っても国内の農業を守れと言う人もいます。「農業の意味は単に農産物の生産だけではない。里山の水田は洪水を防ぎ、トンボの住み処になり、古里の景観を守っているのだ」と彼らは主張します。

二者択一なら私はもちろん後者の意見に賛成です。農水省のお役人たちもようやく農産物の生産に限らない「農業の意味」に気づいてきたらしいことは結構だと思っています。

しかし、彼らの言う多面的機能はいずれも目に見える機能ばかりで、一番重要な農の力に気づいていない。それは人間をつくる力です。

四十点の畑だけれど、手仕事の畑は着実に自立的な人間の技と心を育てています。四十点の畑だけれど……学園の志は間違っていないと再認識しています」

（「竹籠通信」第三二八号、二〇〇二年八月十五日）

学園は今、スワラジ学園の理事長であった合田寅彦氏を中心に、スワラジ・セミナーハウスに改変され、もっとゆるやかな形で、農的暮らしを希望する人たちを援助する場となっている。私も実習の面でお手伝いしているが、私たち夫婦は何歩も退き、元の百姓暮らしを回復しつつある。そして、残された人生を日本人の自立のためにどのように使うことができるか、スワラジ学園の試みと挫折を教訓にしながら考えているところである。

＊　＊　＊

本書の復刊は、病気療養中の水島一生氏（邯鄲アートサービス）に代わって新泉社に引き受けていただいた。厚くお礼申しあげる。

（二〇〇九年五月）

本書は、一九九六年一〇月に邯鄲アートサービスより発行された初版に、「復刊に寄せて」を加えて新装版として刊行するものです。

著者紹介

寛　次郎（かけい・じろう）

1947年生まれ．

1983年より百姓暮らしを始める．

著書に『ことばの無明』『百姓の思想』『ことばのニルヴァーナ』（以上，邯鄲アートサービス），『オーガニック自給菜園12カ月』（共著，山と溪谷社），『反科学宣言』（私家版）がある．

白土陽子（しらと・ようこ）

1947年生まれ．

1986年より百姓暮らしを始める．

現住所
茨城県石岡市半田1731番地

新装版　百姓入門——奪ワズ汚サズ争ワズ

2009年7月15日　新装版第1刷発行

著　者＝寛　次郎，白土陽子
発行所＝株式会社 新 泉 社
東京都文京区本郷2－5－12
振替・00170－4－160936番　TEL 03(3815)1662　FAX 03(3815)1422
印刷・製本　創栄図書印刷

ISBN 978-4-7877-0908-0　C1061